研究室では「ご安全に！」

— 危険の把握，安全巡視とヒヤリハット —

理学博士 片桐 利真 著

コロナ社

まえがき

　「ご安全に」は，大学生活や普段の生活ではあまり聞きなじみのないあいさつです。しかし，産業現場では一般的になりつつある「あいさつ」です。あいさつは安全の基礎のひとつです。事故や発災時におけるスムーズな情報伝達の重要性はここであえて述べるまでもありません。円滑なコミュニケーションの準備として，朝の「おはようございます」，帰る時の「お先に失礼します」は必須です。

　私が大学の講師として赴任した直後，1995年に，研究室の学生との安全セミナーで「火災発生時にどのような行動をとるか」についてディスカッションしたことがあります。当時，私たちは「大学院自然科学研究科棟」というういろいろな学部から研究室が集まった建物に研究室を構えていました。そのとき，「周りに知らせる」という模範的な答えがありました。しかし，ディスカッションを進めていくと，その学生のコメントに違和感を覚えました。彼の想定した「周り」は同じ研究室のメンバーであり，同じ階の隣の別学部の研究室は含まれていませんでした。

　どこの誰まで発災を知らせるかについて，より具体的にディスカッションしました。すると，「別の学部だから」，「誰かわからない」，「知らない他学部の人」という意識の障壁があぶり出されました。これはまずい。どうしましょう？

　その年の秋，学生主催で同じ階の学部横断的な飲み会を行いました。その後は同じ階の他学部の方々の間でも，廊下ですれ違う時にあいさつがごく自然にかわされるようになりました。安全な環境を作ることは，あいさつのような小さな活動から始まり推進されます。

　大学や企業の研究所での安全管理や安全教育は，多くの管理職や教員の方々の悩みの種です。生産現場や製造現場での安全管理のマニュアルは，すでに多

く出版されています。しかし，非定常作業からなる研究現場，特に大学の安全
管理・指導のマニュアルは，特定分野の個別的なものしか見かけません。これ
は，研究のようなクリエーティブな現場に「管理」はなじまないからと思われ
ます。研究はルーチンワークではありません。そのマニュアル化は困難です。

　そのような研究現場の安全を管理しなければならない立場の方は，最悪の事
態の想定を求められます。「こんな事故が起こるかもしれない」とブレーキを
かけることを前提とする「かも運転」を要求されます。一方，研究には情熱
（ある種の狂気）も必要です。ハイリスク・ハイリターンです。多少のリスク
には目をつぶり「大丈夫だろう」とアクセルを踏み込まなければ前に進めませ
ん。前に進めようとしている時に管理する側から頻繁にブレーキをかけられる
と，現場はやる気をそがれます。前へ前へと研究を進めたい意欲的な若い研究
者や学生は管理職についてこなくなります。悲観主義の管理者のもとでは，現
場の志気や業績は上がりません。研究現場の管理者はバランスよくブレーキと
アクセルを操作しなければなりません。

　そして，大学で「安全工学」の講義を受け，大学の安全の対象となる学生さ
んは，有能であれば有能であるほど将来，そのような安全に悩み，安全の推進
を求められる管理職という立場になります。いまは安全というブレーキを嫌
がっていても，そのブレーキを自分でかけなければならなくなります。

　1990 年代はじめの私がまだ 30 代前半の会社の研究員（係長相当）のころ，
世間の雰囲気はバブルのなごりでまだイケイケでした。ポスドクを終えた後に
就職した企業の研究所で，私はアクセル全開のイケイケの研究員でした。学生
時代やポスドク時代と同じような考え方で，つねに新しいものを求め，「非定
常作業」，「ハイリスク・ハイリターン」な作業を好んで行いました。危ない酸
化反応をモルスケールで行い，暴走させ吹き上げさせていました。おかげでた
くさんのヒヤリハット（あるいは，細微小災害）を経験しました。報告書もた
くさん書きました。私の所属していた研究所には安全の専門職がおられまし
た。安全を使命とし，「安全第一」と書かれたヘルメットをかぶり，緑の腕章
をしている専門職にしてみれば，私は「研究暴走族」だったと思います。私は

生産現場叩き上げの安全専門職と意見がしょっちゅう衝突し，安全のあり方について口角に泡を飛ばして議論（口喧嘩？）していました。

　その後，私は岡山大学の教員になり，企業での経験を買われて 2003 年に大学の独立行政法人化対策のための安全衛生法対策専門家会議の長（大学全体の現場監督）に指名されました。なんという皮肉でしょうか。まさか自分が「安全第一」と書かれたヘルメットをかぶって，緑の腕章をつけて，学内の研究室を見て回るはめになるとは…。安全専門職の方とぶつかっていたバチが当たったのでしょう。そのいで立ちで，安全担当の副学長の代理人として（葵の印籠になるはずの委任状持参で）学内の研究室を見学しようとしても，実際には多くの研究室の PI（教授）は私を門前払いにしました。副学長権限を委譲されていたとしても，見ず知らずの助教授にあれこれ言われたくない，と思うのは納得できます。「研究の邪魔」と追い返されました。企業では当たり前の上意下達の「安全管理」は，大学ではまったく通用しませんでした。それでも，引き受けたからには安全の責任を放棄することはできません。そして，このまま学内の危険を放置すれば，早晩事故になります。大学に潜んでいる安全上の問題をあぶり出し，対策しなければなりません。そこで，私は下手（したて）に出て「安全関係の困ったことはありませんか？」，「匿名は守ります，相談を受けます」と各研究室の教授だけではなく助教授や助手の先生，院生にも声を掛けました。すると，いろいろな問題が不平不満とともに聞こえてきました。問題さえ顕在化すれば，それは解決できます。この経験により，大学は「安全管理」ではなく「安全推進」になじむ組織であると理解しました。

　その後，2004 年に大学は独立行政法人化し，専門家会議は解散しました。先生方の安全意識も徐々に変わっていきました。そして，私は安全関係のお役を御免になりました。しかし，その後もボランティアで他の研究室の先生や事務の方の相談を受け，研究者の立場からの安全推進のためのアドバイスをしていました。2014 年のはじめに，東京工科大学に 2015 年度から新しくできる工学部の教授の内定をいただきました。赴任まではまだ 1 年以上ありました。大学を移る旨を仲の良い安全担当の職員に告げたところ「それは困る」となり，

事務組織主導で大学の安全をしっかりと推進する教員組織を作ろうという話に
ふくらみました。工科大学への赴任を遅らせて，大学を辞めるまでの1年間は
「岡山大学安全衛生推進機構（Okayama University, Environment, Health &
Safety Intelligence Department）」という部門の設立をお手伝いし，設立後に新
規採用の専任教授へ引き継ぐまでの3ヶ月間，協力コア教員を兼任しました。
この組織の和名は「管理」ではなく「推進」を用いています。英名も「EH&S
Office（事務局）」ではなく，「EH&S Intelligence Department（学科）」です。
この意図をお察しください。

　この本は，安全管理ではなく安全推進に必要な現場のリテラシー＝技能をま
とめることを目指します。そこの必要な技能は，これまでの安全管理と矛盾し
ません。しかし，その解釈や使い方は異なります。安全管理の対策技法は三つ
のEで表されるとされています。すなわち，「技術（Engineering）」，「教育
（Education）」，「管理または規制（Enforcement）」です[1],[†]。定常業務がおも
な生産現場では「管理または規制」は有効な対策です。しかし，研究現場では
必ずしも有効ではない，あるいは受け入れられ難いものです。研究現場では
「管理または規制」は「推進または後押し（Encouragement）」に置き換えるべ
きです。

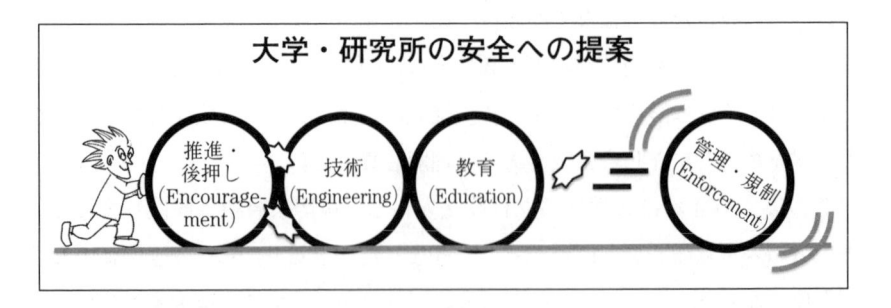

　この本では，読者は安全を推進する立場の方，将来そのような立場になる方
を想定しました。すなわち，研究現場のリーダーや将来企業の管理職になる大

---

† 肩付き数字は，巻末の引用・参考文献を表す。

学生，大卒の方を想定しています。企業の職制では経営者は戦略担当，管理職は戦術担当，現場は戦闘担当です。つまり，この本の対象は，管理職候補，幹部候補です。どのように安全を達成するか，その戦術に責任を持つ方を想定しています。現場は「安全第一」でなければなりません。一方，管理職は「いかにその安全を達成するのか」という戦術立案が職務です。大学の研究室教育では，博士課程の学生は研究の戦略立案能力を，修士課程の学生は研究の戦術立案能力を，学部学生は研究の戦闘能力の獲得を目指します。安全もしかりです。大学卒以上の方には，安全の戦術を作り出す力が求められます。

　安全のためにそのような立場の方の身につけるべき力，すなわち必要なリテラシーは

　　　正しく現状を把握する力　　　　　取材力

　　　正しい基礎的な知識　　　　　　　理解力

　　　正しく考える方法と能力　　　　　思考力

　　　自分の考えを正しく伝える技術　　表現力

だと考えます。

　これは私が現在所属している東京工科大学のラーニングアウトカム（学修到達目標）と一致します†。すなわち，正しく状況を把握する「取材力」は危険の発見・認知能力（分析・評価能力）であり，「理解力」は安全に関する正しい基礎的な知識

---

† 　東京工科大学のラーニングアウトカム（学修到達目標）は以下の6項目です。
　　　1. 国際的な教養
　　　2. 実学に基づく専門能力
　　　3. コミュニケーション能力
　　　4. 論理的な思考力
　　　5. 分析・評価能力
　　　6. 問題解決力
　　東京工科大学ホームページ：大学概要＞大学の理念，http://www.teu.ac.jp/gaiyou/006364.html　より。

（国際的な教養）と安全の専門知識（実学に基づく専門知識）に基づくものであり，「思考力」は正しい安全対策を導き出す論理的思考力であり，「表現力」は相手の思考や状況を考慮したうえで自分の考えを正しく伝えるコミュニケーション能力そのものです。そして，全体として問題解決力そのものの獲得を目指します。

　この本は，第Ⅰ部において安全推進に必要な基礎的な教養分野を提示します。第Ⅱ部では，具体的な目標を「ヒヤリハット報告書を作成できる（作成を指導できる）」能力の獲得とし，危険要因の分析手法と安全対策の立て方について記述します。

　この本はまだまだ未完成です。皆様のご意見・ご批判をお待ちしています。

2018 年 1 月

片桐　利真

目　　　次

第 I 部　安全推進のための「教養」

1. 安全の哲学・倫理

2. 安全の法律

3. 安 全 の 心 理

4. 化学物質のリスク-1（危険物）

5. 化学物質のリスク–2（有害性）

6. 電気電子の安全

7. 機械・回転体の安全

8. 情　報　の　安　全

第Ⅱ部　ヒヤリハット報告書の作成とその指導（危険の見つけ方）

9. 身 近 な 危 険

10. 危険要因分析（魚の骨を描く）

11. 安全対策の立て方

12. ヒヤリハット報告書

13.　安 全 巡 視

第Ⅰ部　安全推進のための「教養」

安全の ABC とフェイルセーフ，フールプルーフ

　西日本のある企業を訪れたとき，「安全の ABC」という標語が壁に貼ってありました。「A：あたりまえのことを，B：ぼやぼやせずに，C：ちゃんとやれ」，だそうです。現場の標語としては秀逸です。しかし，大学や研究所の標語としては不適切です。大学や研究所で求められるのは，当たり前の「定常作業」ではなく，日々新しいことである「非定常作業」です。研究の場に「あたりまえのこと」は存在しません。安全のために，構成員は自ら考えなければなりません。仏教でいうところの自灯明（自らが灯りとなり道を照らす）です。指示を受けて作業を行う者は法灯明（法＝ルールをたよりに道を進む）でも十分でしょうが，自ら道を切り開く研究者は，安全に対しても自分が灯りになることを求められます。生産現場の安全と研究現場の安全は，そこに大きな違いがあります。

安全の ABC
A：あたりまえのことを
B：ぼやぼやせずに
C：ちゃんとやれ

守破離：管理職・指導者は「守る」だけでは駄目

　生産現場の管理職は，その現場の安全にも責任を持ちます。安全を確保するための「戦術立案」も仕事のうちです。まして，研究所や大学の管理者や教員

は，安全対策立案を「指導」しなければなりません。そのための高度なリテラシーとコンピテンシーを求められます。茶道や武道でスキルを身につけ，道を極めていく段階を「守破離」で表すそうです。生産現場の作業者は戦闘のルールを「守る」ことを求められ，生産現場の監督者や研究現場の構成員はそのルールの問題点や不都合を見いだしてそのルールを改訂する＝「破る」ことを求められます。いままでのマニュアルを，責任を持って破ることを求められます。マニュアルを守るのは簡単です。一方，マニュアル作りはたいへんな作業です。作成後も，そのマニュアルが使われ続ける限り，その内容に責任を負います。

定量的に考えることの重要性

　高校までの理科は定性的です。大学に入り自然科学系の科目は定量を重要視します。例えば，私の専門の有機化学は分子の構造から学びはじめます。しかし，その構造の動的な性質を記述する際に「エネルギー」という尺度を用いて定量的に取り扱います。そして，その分子の構造変換である反応を学びます。その反応性もエネルギーという尺度で定量的に理解します。

　同様に安全工学でも危険（リスク）を「発生頻度」×「被害の大きさ」で（半）定量化します。その尺度の単位は，ある時はお金であり，ある時は人の命です。有機化学のように単一の尺度に統一はされていません。しかし，TPOやその人の立場により，それぞれ最適の尺度と単位を用いて比較できます。

　新しい作業は新しい安全対策を必要とします。しかし，その対策に利用できる人的・経済的資源は限られています。したがって，安全を指導する立場では，その危険を"感覚的＝定性的"ではなく，定量的に扱わなければなりません。その危険度を考慮して対策に優先順位をつけなければなりません。これに

は，冷徹な判断を必要とします。時には安全のために安心を犠牲にすることも求められます。

納得させることの重要性

第 I 部では，安全推進のための教養，必要な知識についてまとめます。この本の読者は「安全を推進する指導的な役割を果たす者，将来そのような立場に立つ者」としています。実際にそのような立場で安全推進のための活動を行うためには，周りの人を納得させる能力を持たなければなりません。そのような説得には広い教養を必要とします。人を理だけで納得させることは簡単ではありません。簡単ではなく手間もかかるために，安全「管理」を行う立場にある人は「法律にそう定められています」と，反論できない法の権威をしばしば借ります。しかし，それでは抑え込むことはできても，納得させることにはなりません。安全推進はトップダウンとボトムアップの両者により健全に進めるべきです。法律を持ち出して押さえつけることは，ボトムアップの芽を摘むことになります。

安全に関する技術のベースになる教養

安全工学では，危険要因を「設備」，「人間」，「環境」の三要素に分けて系統的に分析します。多くの事故は，この三要素の複数あるいは三つすべてに起因します。設備の問題を理解するためには，装置や設備のしくみを知らなければなりません。人間の問題を理解するためには，人間の行動の特徴や心の動きなどの心理学的なマターを知らなければなりません。環境の問題を理解するためには，この社会のしくみや法律を知らなければなりません。それらの基礎知識を持たなければ，現実社会の危険や問題を認識することもできません。

危険による被害を正しく認識することも，簡単ではありません。被害の質と被害を受ける主体を，「肉体的な被害」，「精神的な被害」，「経済的な被害」，

「社会的な（信用）被害」，「環境への被害」に分類し，体系的に理解します。このような理解により，抜けのない危険の認識が可能です。

　さらに安全対策は「防止対策」と「局限対策」に分けて，バランスよく行うことが求められます。「火災防止対策が完璧なら消火器は必要ない」という考え方は危険です。安全対策に完璧なものはありません。人間の想像力には限界があり，想定外は必ずあります。だからこそ，危険認識の穴のないように，網羅的に準備するために，学問としての安全工学は重要です。

　第Ⅰ部ではまず，1章で判断の基準になる安全の倫理を，2章で安全に関する法律の基礎を，3章で守るべき人間の行動の理解のために人間心理，そして4章で化学物質の危険性，5章で化学物質の有害性，6章で電気の安全，7章で機械の安全，8章で情報の安全，というように状況の理解に必要な基礎的な知識をまとめます。

1 安全の哲学・倫理

> **この章の結論**
> ・安全は TPO に依存するもので，その戦術に正解はない。
> ・汎用の安全対策は存在しない。
> だから，安全を指導する者は「何が正しいかをつねに考え直す・問い直す」態
> 度を必要とします。そのために，倫理学を学ぶことは必要です。

1.1 JCO ショック

　著者が講義「環境安全化学」の準備を行っていた 1999 年 9 月に茨城県東海村で JCO 臨界事故が起きました。この事故は高速増殖炉燃料の原料である硝酸ウラニルを製造する過程で，不適切な反応器中で硝酸ウラニル水溶液が連続的な核分裂反応を起こし（核臨界反応が起こり，**図 1.1**）外部に中性子線を放出したものです。

　この中性子線を浴びた作業員 3 名のうち 2 名が死亡する重大な産業災害でした。この事故の原因や詳細は書籍に記述されています[1]。事件当時の新聞や週

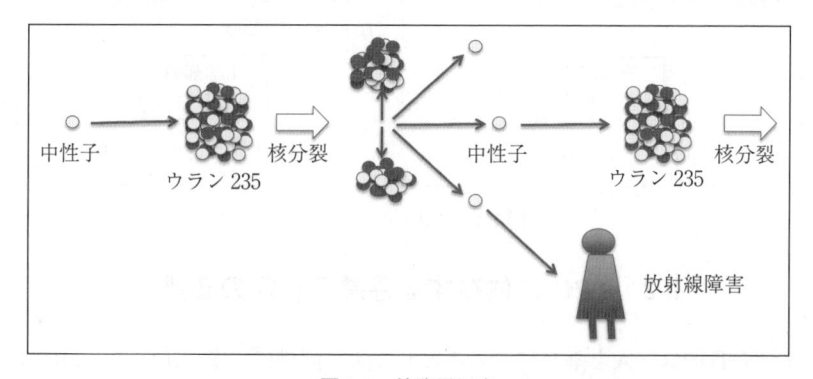

中性子　　ウラン 235　　核分裂　　中性子　　ウラン 235　　核分裂　　放射線障害

図 1.1　核臨界反応

刊誌やテレビ報道は被曝被害の恐ろしさをことさらに取り上げました。そして，その原因を「作業員による裏マニュアルによる作業」,「違法手順，バケツとスプーンを用いた作業の簡略化」として，強く非難しました。すなわち，現場の効率化のための工夫を「裏マニュアル」として非難しました。これは，日本の産業の効率化と安全を支えてきた改善提案の全否定でした。私は，会社員のころは部内の改善提案のとりまとめをしていました。現場の改善提案は安全のためになる，無条件に善いことであると認識していました。しかし，この JCO 臨界事故は TPO（Time（時間），Place（場所），Occasion（場合））によっては改善提案さえも大きな危険を招くことを示しました。私にはショックでした。

　安全の手法は TPO により大きく異なります。どのような場合でも正しい普遍的な安全の手法はありません。安全は，科学哲学者のマートン（Merton）のいう CUDOS（理学部的）ではなく，ザイマン（Ziman）のいう PLACE（工学部的）です[2]。ザイマンの PLACE は Proprietary（所有的），Local（局所的），Authoritarian（権威主義的），Commissioned（（社会から）委託された），Expert（専門的）の略です。安全は TPO により大きく異なるローカルな「工学」です（**図 1.2**）。

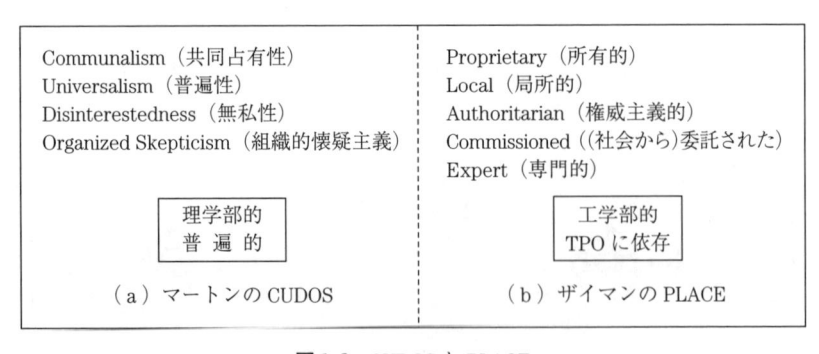

Communalism（共同占有性）　　　　　Proprietary（所有的）
Universalism（普遍性）　　　　　　　　Local（局所的）
Disinterestedness（無私性）　　　　　　Authoritarian（権威主義的）
Organized Skepticism（組織的懐疑主義）　Commissioned（（社会から）委託された）
　　　　　　　　　　　　　　　　　　　Expert（専門的）

　　　　　理学部的　　　　　　　　　　　　工学部的
　　　　　普 遍 的　　　　　　　　　　　　TPO に依存

　　　（a）マートンの CUDOS　　　　　　（b）ザイマンの PLACE

図 1.2　CUDOS と PLACE

1.2　**TPO に依存する善悪の判断の必要性**

　工学の目的は「人を幸せにすること」です。同様に，安全工学の目的は「理

想的な産業社会を目指す」ことです[3]。「その使命は働くものの安全を守り，健康を守ることで，人を幸せにすること」です。

　私が入社した日本鉱業株式会社（現：JXTG エネルギー株式会社）は日立鉱山を始祖とする元銅鉱山の会社でした。入社研修時に酒を飲みながら先輩方からいろいろなお話を聞きました。その中で特に印象深かったのは「大昔は大卒社員（管理職）と高卒までの（現場の）社員は友達になってはいけない」という不文律があったという話でした。これは「鉱山で落盤事故が起きたとき，その友情が救助順を誤らせる恐れがあるから，たとえ公私の別をしっかりしていても，その判断そのものを疑われてしまう」というものでした。確かに友達を先に助けたいと思うのは人の情です。たとえ公私混同していなくても救助活動の結果によってはその判断の根拠を疑われます。世間的には絶対善の「友情」も TPO では，"安全の阻害要因＝悪"となることがあるというお話は強く印象に残りました。命がけの現場では友情は公私の別と両立しないこともあるのでしょうか。

1.3　応用倫理学者とのやりとり

　「環境安全化学」の講義準備に取りかかっていたとき，私は「正しい」ことを教える気で満々でした。しかし，講義準備を開始すると，「何が正しいのか」に引っかかってしまいました。「リサイクルは正しい」と思って調べてみると，じつは資源の無駄遣いだったり[4]，「二酸化炭素の放出削減は正しい」と思って調べてみると，じつは二酸化炭素は地球温暖化の主犯ではないという主張を見つけたり…[5]，「正しさとは何か」で初っ端からつまずいてしまいました。そこで，善悪の判断に関する倫理学の本を読みました。ところが，結局，何が善であるのかよくわかりません。その中で，応用倫理学の一分野である環境・生命倫理学のその当時のあり方を批判する書籍に巡り会いました[6]。私は，その著者に質問のメールを送りました。その内容は大きく 2 点です。

　1）安全や環境や生命に関する倫理学は成立するのか？

　2）環境問題や生命問題に「善悪」はあてはまる（なじむ）のか？

著者の方からメールで丁寧な返事をいただきました。その内容を要約すると

・質問は,「倫理学者泣かせ」である。

・質問に対して,「これが答えです」とは答えられない。

・「安全・環境・生命に対するわたしたちのかかわりを不断に問い直す」の
　が倫理学の仕事である。

というものでした。

　このやりとりは私の講義方針を定めました。講義では「正しいこと」を教え
るのではなく,TPO に応じて正しく取材し,理解し,考え,自分の意見を表
明する力をつけることを目標にしました。メールの中の「不断に問い直す」と
いうことばは,安全の戦術を考える時に,最も重要な姿勢であると思います。

1.4　プロフェッショナルの矜持,社会的な期待

　この本は読者を,安全を推進する立場の方,将来そのような立場になる方で
あると想定しています。この立場は,「安全に対して高いレベルの矜持」を求
められます。では,"高いレベルの矜持＝プロフェッショナルの矜持"とはど
のようなものでしょうか。

　大前研一氏は『プロフェッショナルを定義する』という記事で,プロの定義
として

1) 専門的な知識や技能によって報酬を得ている人

2) 果たすべき役割をまっとうできる能力を備えた人

3) 自分の仕事に夢と誇りを持ち続け,不断に努力を重ねる人(スペシャリ
　　ストと異なる)

とまとめています[7]。すなわち,"専門的知識＋技能"だけでは単なるスペシャ
リストであり,プロフェッショナルにはそれに加えて倫理感・責任感を持たな
ければならないとしています。ここで大事なのは,能力だけではなく最後の
「自分の仕事に夢と誇りを持ち続け,不断に努力を重ねる人」ということです。

　さて,プロ野球の監督(管理職)は,みな選手出身です。選手の経験を持た
ずにプロ野球の監督になった方を,私は知りません。

　企業では職制として，経営者は何をやるか（戦略）を決めます。管理職はその目標の達成方法（戦術）を立案します。そして現場の社員は現場の仕事（戦闘）を担当します（**図1.3**）。ここで，戦闘の実際を知らない者には現実的な戦術を立てられません。戦闘の実際を理解せずに立てた戦術は机上の空論です。現場を知らない指揮官＝管理職の部下は無茶ぶりをされてしまい，たいへんです。

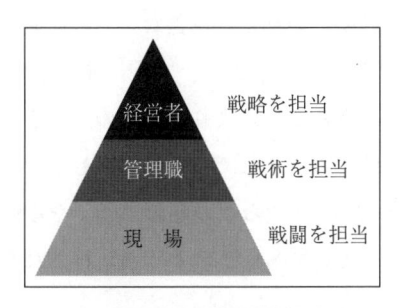

図1.3　企業の職制

　一方で，プロ野球の選手はみな監督になれるわけではありません。監督と選手を分けるのは「プロフェッショナルの矜持のレベルの違い」と理解できます。どのような職場，どのような現場でも，管理職＝リーダーは，本人の能力の向上だけではなく，周囲の者の能力の向上を一緒に計ることのできる，そのような環境を創ることを求められます。そのためには，自分の能力を高めることはもちろんですが，周囲に配慮し，周囲に自分の考えを正しく伝える能力（広い意味でのコミュニケーション能力）を必要とします。

　リーダーは「ノブレスオブリージュ（仏：noblesse oblige）」を求められます。ノブレスオブリージュは，辞書には「高貴たる者の義務」と書かれています。私はこのことばを「大学などで高等専門教育を受けた者はその能力（受けた教育）を社会のために正しく活かし使う義務を持つ」という社会的責任を表すことばとして用います。もっと言えば，「自分の学んだことや獲得した能力を自分のためだけではなく，社会に還元する義務を持つ」ということです。

　安全関係の講義のレポートで，安全対策の立案をケースメソッドとして課す

と学生さんはいろいろなアイディアを提案します。しかし，ほとんどのレポートはその対策の波及や効果を「自分のみ」に限定します。それを会社や社会など他へ波及させることをあまり意識しません。これはプロフェッショナルとして不十分です。大学に学ぶ者は講義で習ったこと，特に教養科目を自分のためだけではなく，みんなのために使うことを意識すべきです。

　ある意味，指導者の安全工学はボランティアにも似ています。無償の愛をモチーフにします。無償の愛というと「偽善だ，その究極の目的は自己満足ではないのか」と反駁される方がおります。でも，まずはそれで十分でしょう。リーダーは部下の安全を守ることにより，自分の立場を守れます。それでよいではないですか。偽善的でも，それで自分も部下も幸せにできれば十分です。みんなで Happy になれます。「やらない慈善より，やる偽善」と思います。どんなに高邁な理想を持っていても，それが実践に移されなければ無価値です。

1.5　学会の倫理規定

　研究者の方は，どこかの（あるいは複数の）学会に所属されていると思います。学会はその学術分野の研究者の集まりですから，その分野特有の TPO を考慮したルールを持ちます。多くの学会では学術倫理に関して，倫理規定を制定し，公表しています。

　例えば，日本化学会の倫理規定には

1) 人類に対する責務（その分野を発展させて人類を幸せにする義務）

2) 社会に対する責務（社会のために科学技術を役立てる義務）

3) 職業に対する責務（プロフェッショナルとしての矜持）

4) 環境に対する責務（環境への配慮義務）

5) 教育に対する責務（後進育成の義務）

を示しています[8]。

　電気学会は

1) 人類と社会の安全，健康，福祉，持続可能な社会の構築への貢献

2) 自然環境，他者および他世代との調和

3) 学術の発展と文化の向上に寄与

4) 他者の生命，財産，名誉，プライバシーを尊重

5) 他者の知的財産権と知的成果を尊重

6) 思想，宗教，人種，国籍，性，年齢，障害の公平な扱い

7) プロフェッショナル意識の高揚，業務に誇りと責任を持ち最善を尽くす

8) 技術的判断に際し，公共の利益のための適切な情報公開

9) 学術的な誠実さと公正さを自己および組織の利益よりも優先

10) 技術的討論における率直な意見や批判とそれに対する誠実な対応

を示しています[9]。

　機械学会も同様に

1) 技術者としての社会的責任

2) 技術専門職としての研鑽と向上

3) 公正な活動

4) 法令の遵守

5) 契約の遵守

6) 情報の公開

7) 利益相反の回避

8) 公平性の確保

を示しています[10]。

　しかし，これらの倫理要項はTPOによっては，必ずしも最善ではない場合もあります。このような倫理規定の普遍性の欠如は，安全の倫理の難しいところです。例えば，多くの学会の倫理規定では，「情報の公開」を大事な行動規範として挙げています。しかし，「情報公開」は無条件に「正しい」行為なのでしょうか。

1.6　シティーコープ・ビルでの秘密維持と公益通報

　TPOによっては，情報公開は最善の手段ではないこともあります。その例として，工学倫理のテキストに必ず出てくるシティーコープ・ビルの事例を挙げます。

　ニューヨークのマンハッタンに1977年に建てられたシティーコープ・ビルはニューヨーク市の建築基準を満たしていました。しかし，設計者のルメジャーは，それまでの建築基準や彼自身の設計の想定していなかった方向からの風を受けた場合には倒壊する恐れがあることを見つけてしまいました。悩んだルメジャーはそのビルのオーナーと保険会社にその危険を伝え，三者で「秘密裏に」対策・補強工事を施し，ビルを安全なものにしました。そして，この秘密の対策は約20年後に週刊誌で明らかになった，という事例です[11),12)]。この事例は自分の過ちを認めるルメジャーの正直な行動により，大きな事故・惨事を避けられたうえに，誰も不幸にならなかった，という技術者による倫理的な行動の成功例であるということで，多くの工学倫理の教科書で紹介されています。

　一方，この事例で私は，「秘密裏に対策した」という点に注目しました。先に示した学会の倫理規定の多くは速やかな情報の公開を善きこととしています。しかし，このシティーコープ・ビルの例では，「秘密裏に」対策したことにより，よけいな騒動や批判による妨害を避け，早急な対策につながりました。もし，この倒壊の可能性を公表していたら，スムーズな補強工事を完了できず，入居者はルメジャーや施工者やビルのオーナーを吊るし上げ，時間や経

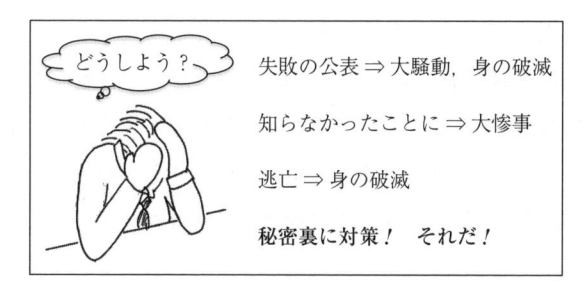

済的な問題を引き起こしていたと思われます。情報の公開により足並みが乱れ，対策の遅延を招けば，当事者は誰も幸せにならなかったと思われます。

1.7 公益通報，内部告発はつねに正しいか？

シティーコープ・ビルの例では情報公開を避け，秘密裏に対策を行うことで最悪の事態を避けることに成功しました。一方，世間は「公益通報」や「内部告発」などの情報公開を正義の行為と見なしています。しかし，TPO によっては「正しいけど愚か」[†]な行為になります。

公益通報や内部告発には，その実施理由に厳しい条件を持ちます（**図 1.4**）。まず，公益性のあること（知らせる必然性のあること），緊急性のあること（いま知らせることで社会的損害を回避できること），無私的であること（告発は告発者のメリットのためではないこと）は必須です。そして，公益通報は厳格な手続きのルールを持ちます。それは，まず問題をその所属組織内で周知させ，改善を繰り返し申し入れること。それでも改善されない場合には組織内の第三者への相談などを行うこと。それでも効果のない場合のみ，やむをえず外部に知らせること，という順序です。さらに，法的にも内部通報（組織内での訴え），行政通報（行政機関への訴え），外部通報（マスコミなどを使った公表）の順での実施を求められます。この手続きを守らない場合，通報者は保護

---

† カルネアデスの板，緊急避難の正当性に関する倫理学的逸話。カルネアデスが「お前がつかまっている，ひとりがやっとつかまれる板を目指して，溺れかけている別の者がきたらどうするか？」という問いに対して，彼の弟子が「板を渡して自分が溺れます」と答えたところ，カルネアデスはその答えを「正しいけど愚かな判断」と評したそうです。

されず，通報による不利益を負うことになります。

　しかし，「情報公開は正しい行為」という認識だけで行動してしまうと，問題をスムーズに解決できないだけではなく，告発者も告発される側も多大な損害を被ります。そして，そのような「情報公開は正しい行為」と宣伝し，争いを生じさせ，その利を得る者も，この社会にはおります。

・公益性（知らせる必然性） ・緊急性（社会的損害回避に必要） ・無私的（告発者のための 　　　　　　通報ではない）	・内部通報 　　問題の組織内周知 　　組織内の第三者への相談 ・外部へ通報 　　行政通報（行政機関への訴え） 　　外部通報（マスコミなどを 　　　　　　　使った公表）
（ a ）モチーフ条件	（ b ）手続き条件

図1.4　公益通報，内部告発を正当化できる必要条件

- -

【この章の課題】　ケースメソッド：「上司の不正を見つけたら？」

前提

　レポートを「神の視点（俯瞰）」ではなく，現場の人間としてあなたのとるであろう行動（理想の正しい行動ではなく，あなたの行うだろうこと）を，正直に，箇条書きで書きなさい。そして，その判断を行った根拠となる参考文献などを明示しなさい。

　あなたは厳しい就職活動に勝ち，やっと大手の建築会社の子会社に就職しました。あなたの就職した子会社は，マンションの杭の岩盤への固定を確認するための測定を行う会社です。あなたは，その仕事のOJT（On-the-Job Training）で現場に配置されました。あなたは建築現場の監督の部下です。

想定 1

　あなたの直属の上司（課長）の行った，マンションの杭の複数の測定データがまったく同じであることを見つけてしまいました。これは不正行為である可能性があります。さてどうします？

想定 2

　あなたは直属の上司（課長）に，当該のマンションの杭の複数の測定データがまったく同じであることを課長に告げたところ，「うるさい，黙れ」と叱責され，無視されました。その後，課長はあなたを無視します。あなたは無視され続けています。さてどうします？

想定 3

　課長の行動をさらに上司の部長に告げたところ，「お前も悪いんじゃないの」と言われてしまい，話をまともに聞いてくれません。部長に告げたことを課長に知られ，「首にしてやる」とすごまれています。さてどうします？

想定 4

　このまま放置すると，100 年に一度規模の直下型大地震でマンションの一部崩壊の危険があります。しかし，この問題を親会社に知られると，間違いなく自分の会社は莫大な負債を抱え，倒産し，数十人の社員が路頭に迷います。自分も「会社を裏切る」という前科を持ち，同業他社への再就職は困難になるでしょう。さてどうします？

● **出題意図**

　この課題は「わかってはいるけども実践しにくい」ことを回答せざるをえません。自分のリスクと他人の利益のジレンマです。この課題で「きれいごと」を回答するのは簡単です。でも，普通は「しかし，それは実際にはできないよな」と思うはずです。なぜそう思うのか，目先の損得にこだわることの自分自身の将来への影響，といったことを本音ベースで考えることで，自分の心の影（闇）の部分に光をあて，自分の価値観の内包する危険性を自覚することを求めています。

　そして，このような自分の人生を左右するような決断を，現状の限られた自分の知識だけで行うことはないでしょう。どのような個人的な利と損を想定できるのか，行動にはどのような大義名分を与えられるのか，果たして自分を守れるのか，などなど，いろいろな事項を調査し，考慮しなければ人生を賭けた

決断はできません。

● **この課題の学生のレポートから**

　レポート作成のための情報源により，その結論は大きく異なっていました。

　法律事務所やNPOのWebページを参考にした学生は「正義の告発」，それも外部通報を最初から選びました。公的機関や判例を参考にした学生は内部通報の段階にとどまり，公益通報をあきらめていました。法律事務所やNPOは争いごとで経済的あるいは社会的な利益を得ます。その意見を参考にすると，騒動を大きくする方向を選択してしまいます。同様に，政府や公的機関の意見だけを参考にすると行動を抑制されます。取材する時は，相反する主張者の両方を取材し，偏らないことです，洗脳されないことです。必ず複数のソースを対比させてください。あえて逆の主張にあたってみてください。「多面的取材」は「裏をとる」こととともに，正しい取材の基礎です。

相談相手（参考文献）で変わる対応
弁護士事務所　　　　　政府
争議援助NPO団体　　　公的機関
徹底抗戦　　　　　　　あきらめ

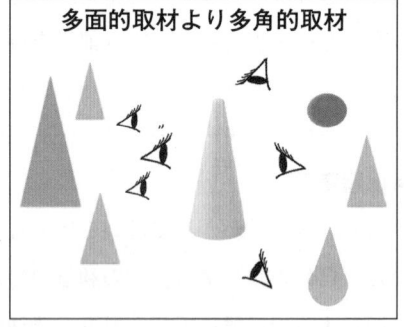

多面的取材より多角的取材

　また，公益通報について，法の保護は無条件であると誤解しているレポートを多く見ました。通報者の法の保護は無条件ではありません。また，適切ではない，例えば匿名の公益通報は「怪文書」と見なされてしまいます。

　「法[†]3条1号から3号は，3条，4条，5条の規定によって通報者が保護されるための要件，すなわち公益通報の保護要件を定めている。これによると，①企業内部に対する通報（内部通報），②行政機関に対する通報（行政機関通

[†]　公益通報者保護法

報），③マスコミ等の行政機関以外の企業外部に対する通報（企業外通報）の順に要件は厳しくなっている。この趣旨は，企業の正当な利益の保護と，公益通報による公益（国民の生命，身体，財産その他の利益の保護）の実現との調和を図ることにあるとされる」[13]。正しい順番で正しい手続きで行わなければ，通報者は法の保護を受けられません。

「ボイスレコーダーを持ち込み証拠とする」というコメントも見られました。しかし，これについては公益通報における無断録音の有効性の解釈の判例があります。判例[14] によると「相手方の同意なしに対話を録音することは，公益を保護するため或いは著しく優越する正当利益を擁護するためなど特段の事情のない限り，相手方の人格権を侵害する不法な行為と言うべきであり，民事事件の一方の当事者の証拠固めというような私的利益のみでは未だ一般的にこれを正当化することはできない」となっています。つまり，許可をとらずに録音した場合は，公益通報には利用できます。しかし，自分の身を守ることに使えないかもしれません。人格権侵害に基づく不法行為に問われる恐れを持ちます。みんなを救っても自分を救えないかもしれません。自己犠牲を前提にしてしまいます。

　その意味で，倫理や道徳の最低規範である法（および判例）の理解は，安全の推進に必要なリテラシーです。

2 安全の法律

この章の結論

「法律は手段である」，「手段である法律を目的としてはいけない」

"法律を守ること＝遵法" は正しい行為です。しかし，短絡思考により，法律遵守を目的にしてしまうと，安全の本質を見失い，より大きな危険を招くこともあります。その意味で遵法は無条件に正しい行為ではありません[1]。

安全対策は TPO に依存する個別的なものです。一方，法律に記載されている安全対策は社会全体の最大公約数的なものです。法律は守って当たり前，法律を守ることにより3割の危険を排除できても，残り7割の危険を排除できません[2]。残り7割の危険の排除には現場の不断の努力とそれを支えるプロの矜持を必要とします。法律を守ることを目的としてしまうと，安全への取組みを低レベルにしてしまいます。

2.1 法 律 と は

1章の課題で，倫理や道徳の最低規範としての法律を味方につけないと，自分も他人を守れないことを示しました。法律を味方にするためには，まず法律はどのようなものであるかを知らなければなりません。

法律は "社会の「きまり」＝ルール" です。「人間という生物種の繁栄を究極の目的に置き，そのための基盤である人間社会における秩序を維持することを目的として作られた，人間の行動に関する人工的な決まりであって強制力を伴うもの」[3] です。ルールがなければサッカーもラグビーも試合になりません。乱闘になります。同様に，社会もルールを持たなければ混乱します。

法律はいくつかの性質を持ちます。

・法的安定性，明確であること：わかりやすいのではなく，解釈にぶれが生じないことです。

・むやみに変更されないこと：朝令暮改ではついていけません。

・法律不遡及，既得権不可侵：新しい法律は過去を束縛してはいけません。

・権利と義務：権利には義務が付随します。

などです[3]。

法律の不遡及に関する例としては，茨城県日立市の日立鉱山の「大煙突」を挙げることができます。現在，地表または水面から 60 m 以上の建物などには航空障害灯の設置が義務づけられています。しかし，この「大煙突」は法律が出来る前に建てられた煙突なので，航空法 51 条で定められた航空障害灯を付けていませんでした。これは富士山のてっぺんに航空障害灯を設置する義務がないのと同じです。この煙突については小説にも紹介されています[4]。

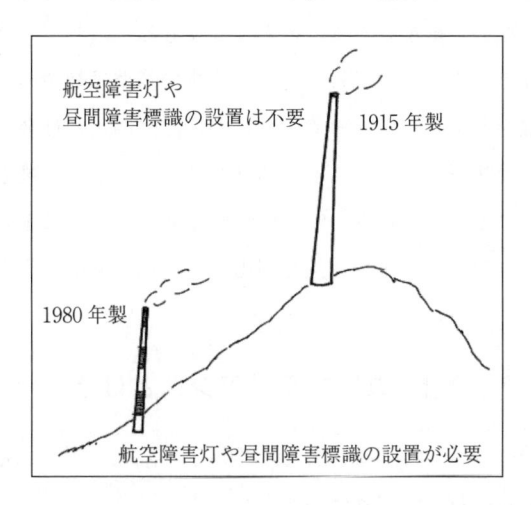

法には階層性があります。下位の法は上位の法律に矛盾してはなりません。国内法の最上位法は憲法（日本国憲法）です。法律や判例や条約は憲法に矛盾してはならず，さらに下位の政令や命令は法律に矛盾してはならず，その下位の省令や規則や条例はその上位の法に矛盾してはならないことになっています。そして，法は相互に矛盾してはならないことになっています。

　法律文章は難解です。これは，100人（の専門家）が読んでも皆が同じ意味にとれるように記載されているためです。そのため，意味を厳密に定義した専門用語を使用しており，しかもそのことばの意味は社会で使う一般のことばの意味とはしばしば異なります。つまり，厳密さを優先するために読みにくいものになっています。これは専門用語を多用する理系の論文にも似ています。

　そして，刑法38条3項は「法律を知らなかったとしても，そのことによって，罪を犯す意思がなかったとすることはできない」と規定しています（違法性の錯誤）。つまり，法律を知らなかったから法律に違反してしまった，という言い訳は通用しないということです。法律は無条件に知っていなければならない，ということです。法律を知らなかったことの責任や損失は誰も補償してくれません。その責は自分で負わなければなりません。

　つまり，法律はややこしいもので，素人にはその内容を理解しにくいものです。でも，知らないと損をします。そのようなものに対して，専門家ではないわれわれはどうしたらよいのでしょうか。法律の基準は社会の公序良俗です。法律は社会常識を明文化したものです。だから法律周辺の社会常識を持っていれば，無意識に違法行為を行うことはありません。しかし，最近は，法律を守ることを目的にするような行為，例えば法律さえ守ればなにをしてもよいという言動や，コンプライアンスや遵法を理由に社会秩序を乱す行為も散見されます[5]。

2.2　コンプライアンスとは？

　コンプライアンスとは日本語でいえば遵法（精神）です。法を守ることです。しかし，それも行きすぎれば問題になります。

　自分の違法行動をSNSにより広く発信すると，炎上してしまいます。このような自分の違法行為を開示する行為はTwitterをもじって「バカッター」と呼ばれるそうです。某大学に通っている学生はTwitterで何の気なしに「カンニングをした」と発言したところ，この発言をきっかけに第三者の調査により過去の飲酒運転のツイートなども掘り起こされ，炎上しました。この事例でも

他の炎上騒ぎと同じように，その本名から所属サークル，顔写真まですべて
ネット上に流出し，某大学はその学生を処分しました。

　ネットの世界には多数の「正義の味方」，「コンプライアンスの鬼」が生息し
ています。しかし，彼らの正体は「匿名」のもとに隠されています。彼らは，
違法行為を見つけると，「遵法」の名のもとに，その違法行為者の身元を暴き，
叩き，再起不能にし，さらにその事実をネット上に永久的にさらし続けます。
そのように炎上させる第三者の行為は正義の（正しい）行為でしょうか。「違
法行為を行った奴が悪い」のはそのとお

りです。しかし，それを理由にリンチす
る，過剰に叩き続ける，社会的に葬り去
る行為は正当化できません。ここまでく
るとコンプライアンスは本当に正しいこ
となのかという疑問さえ生じます。法令
を守ることは無条件にすべて正義の目的
ではありえません。

2.3　福島第一原子力発電所の事故とコンプライアンス

　福島第一原子力発電所の事故はコンプライアンス至上主義に冷や水をぶっか
けました。以下に四つの事例を挙げます。

　一つ目の事例は，非常冷却装置（IC，復水器）の停止です。福島第一原子力発電所の事故の直接的原因は，「炉心の核分裂は止まったけども，その崩壊熱を冷却しきれなかったこと」です。そのような崩壊熱の冷却のために原子炉はいくつもの非常用冷却装置・設備を持ちます。その中でも電源などの動力源を必要としない復水器（IC）は地震直後も正常に作動し，炉心温度を下げ，内圧を急激に落とす役割を果たしたそうです。しかし，原子炉のマニュアルには（原子炉の圧力容器の破損を避けるために）内圧が急激に下がったときにはこの復水器を止めるように記載されていたそうです。マニュアルに従って止められた復水器はその止めたことすら認識されず，忘れられ，事故を防ぐことの役に立ちませんでした。新聞報道によると，「炉内の状況を自動記録した「チャート」によると，地震直後の原子炉自動停止に伴い炉内圧力が上昇。直後に圧力が急減しており，非常用復水器が自動起動したと推定される。しかし午後3時ごろには再び圧力が上昇，復水器が止まったとみられる。操作手順書は，炉内圧力が急減した時には復水器を止めるよう定めており，運転員が操作した可能性もあるという」[6),7)]。この復水器の停止は，"マニュアルを遵守した＝コンプライアンス遵守"の結果です。その行為は福島第一原子力発電所の事故の大きな原因の一つだったとしても，そのコンプライアンスを遵守した運転員を責められません。

　二つ目は，本社の注水停止命令を無視した吉田所長の決断です。原子炉への海水注水による冷却を行っていた現場へ，本社は注水停止命令を発しました。しかし，吉田所長はこの命令を無視して注水を続けた，というものです。ここで，本社の命令に従い吉田所長が注水を停止していたら，福島第一原子力発電所の事故はもっと悲惨なものになっていたかもしれません。その意味で正しいけど明確なコンプライアンス違反（命令違反）です。当時の枝野官房長官は「勲章ものの命令違反」と称したそうです[8)]。しかし，そのために吉田所長は本社から口頭注意処分を受けています[9)]。

　三つ目は，4月に行われた東京電力のS社長の記者会見でのコメントです。その席でS社長は「津波対策は国の基準通りやった」と発言し，物議を醸し

ました[10]。つまり，コンプライアンスの遵守
を新聞記者に訴え，結果的には不十分だった
津波対策を正当化しました。いかに法律的に
は問題ないとはいえ，その発言は事故の当事
者，あるいはプロフェッショナルとしての矜
持に欠けたものと思います。

　そして四つ目は，被曝線量の緩和問題で
す。事故より前の空間放射線の被曝許容量は
1 mSv/年でした。しかし，事故後，福島県の学校ではこの基準をどうしても
守れないレベルになりました，そこで政治的判断により学校での許容量を 20
mSv/年に変更しようとしました[11]。これは，法律を守るために基準を緩和す
る行為でした。コンプライアンスを守るために基準のほうを変更しようとする
行為は，本末転倒であると多くの反対や抗議を受け，社会的な問題になりまし
た。そして，「1 mSv を目指す」という文言へ再変更しました†。

　これらの 4 事例はコンプライアンス遵守とプロフェッショナルの矜持や倫理
が両立しなかったものです。コンプライアンス遵守を目的とすると，正義を見
失います。

---

　†　このもともとの年間 1 mSv の基準も十分な科学的根拠に基づくものではありません。
　　この数値は，原子力基本法の下位法の「放射性同位元素等による放射線障害の防止に
　　関する法律」の下位法の「放射性同位元素等による放射線障害の防止に関する法律施
　　行規則」のさらに下位法の「放射線を放出する同位元素の数量等を定める件」に記載
　　されています。低線量の放射線の影響は科学的にはわかっていません。三朝（みささ）
　　の天然ラドン温泉などを挙げるまでもなく，低線量の放射線はむしろ体によいという
　　意見もあります。また，低線量の放射線の影響は被曝者の年齢により大きく異なるた
　　め，一律に論じることができません〔Imidas 特別編集：放射能 地震 津波 正しく怖が
　　る 100 知識，集英社（2011）〕。やむをえず，人体への悪影響のグラフを線形近似して，
　　許容できるレベルの 1/100 に設定したものです〔Newton 別冊：きちんと知りたい原
　　発のしくみと放射能，ニュートンプレス（2011）〕。また，放射線基準値は監督省庁に
　　よっても大きく異なり，その基準値の間に整合性を持ちません。厚生労働省管轄の食
　　品などの暫定基準値は飲用水・牛乳で放射性セシウム 200 Bq，野菜・穀類・肉・魚介
　　で 500 Bq です。農林水産省管轄の牛の牧草は 300 Bq と人間の食する野菜よりも低く，
　　環境庁管轄の海水浴場の水質は 50 Bq が暫定基準になっています〔山陽新聞：
　　2011.9.20〕。

2.4　プロに求められるもの

　プロフェッショナル（プロ）に求められる規範は，コンプライアンスに比べ
て格段に高いものです。コンプライアンス遵守だけではプロの矜持＝ノブレス
オブリージュを果たせません。世間の目はプロにより高いレベルの規範を要求
します。より高い職業的使命感を求めます。その意味で，コンプライアンスを
ことさらに持ち上げることはプロの矜持を損なうことになりかねません。

　法哲学的に，本来，過失は刑法で罰せられません。しかし，それが“「仕事」
＝業務上の行為”であれば，「業務上過失」として刑事罰の対象になります。
つまり，プロは法律に比べてさらに高レベルの規範を求められているというこ
とです。

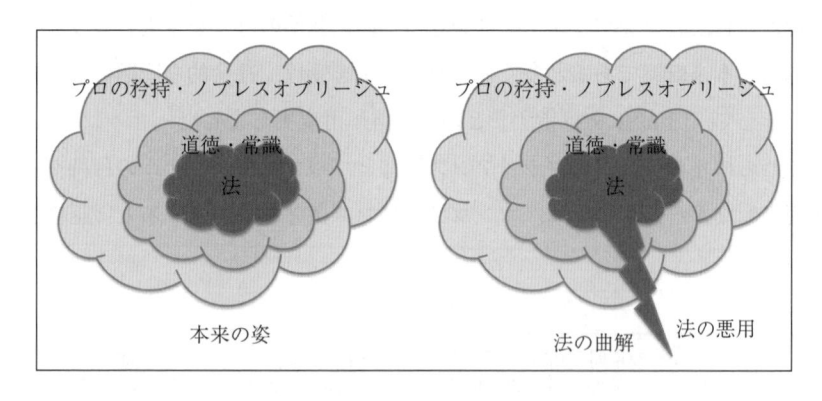

2.5　労働安全衛生法の目的

　労働安全衛生法（以下，労安法）は労働者の安全を守るための法律です。こ
の法律は第一条にその目的を明示しています。

　第一条　この法律は，労働基準法（昭和二十二年法律第四十九号）と相ま
つて，労働災害の防止のための危害防止基準の確立，責任体制の明確化及び
自主的活動の促進の措置を講ずる等その防止に関する総合的計画的な対策を
推進することにより職場における労働者の安全と健康を確保するとともに，
快適な職場環境の形成を促進することを目的とする。

　すなわち，労安法は，まず第一条の「目的」において，法律は手段であり目的は安全であることを明示しています。

　法律や基準を作り，それを守ればよいというものではありません。法律や基準は安全のための手段であり，それを守ることを目的にしてはいけません。

　しかし，実際にはコンプライアンスは法律の精神を守ることよりも法律の条文を守ることに汲々（きゅうきゅう）としています。特に，国立大学の事務官は公務員なので，"公務員の無謬性（むびゅう）＝公務員は法律的に間違ったことを行わない"というルールに縛りつけられています。これは典型的な「手段の目的化」です。短絡思考です。このような手段の目的化は世の中でよく見られます。手段は目的化されやすいのです。よく笑い話の種にされる「健康のためなら死んでもよい」，「体重を減らすことを目的としたダイエット」もその例です。冷静に客観的に見れば，滑稽な行動です。この手段の目的化は3章で扱います。

2.6　労働安全衛生法のしくみ

　労安法は，"安全な職場を目指すための法律＝手段"です。しかし，この法律は万能ではありません。現在の労安法はおもに製造現場を想定しており，研究所や大学を想定していません。また，体系的で詳細なものであるにもかかわらず，抜けもあり，新しい技術による状況変化への即時対応もできません。法律は社会の要請で作られますから，その内容は安全よりも安心を優先させることもあり，科学的ではないこともしばしばあります。そして，プロ科学者・技術者の目指すべき安全は，この法律のはるか上のレベル（beyond）でなければなりません。

　大学における学生の立場はしばしば問題になります。研究室に配属され，労働者と同等の危険にさらされる学生は，無給です。したがって，雇用関係にないので，厳密には労働者ではなく労安法の対象外です。2003 ～ 2004 年の国立大学の独立行政法人化以来，研究室に配属された理系の学生の立場はどのようにするべきか，という議論があちらこちらでなされています。いまのところ，まだ十分なコンセンサスはないのですが，研究室に配属前の学生は「映画館の

観客と同じ」，研究室に配属された学生は準構成員として，その組織の裁量で労働者と同等に扱う。ただし，TA（teaching assistant）や RA（research assistant）は給料をもらっているのだから労働者である，と一般的に解釈されているようです。文系学部では，学生は基本的には学校保健法の守備範囲です。

　権利には義務が付随します。研究室の火災では“その研究室の労働者＝教員”は消火活動の義務を持ちます。しかし，学生にはそのような法的な義務はなく，道義的な義務を持つと推定されます。

2.7　労働安全衛生法の作るしくみ

　労安法は実務の長として「総括労働安全衛生管理者」，規則を決める「（法定）安全衛生委員会」を定めています。これらはそれぞれ総理大臣（行政の長），国会（立法）に相当します。では三権分立の司法はというと，これは産業医の先生方です。つまり，労安法は職場内に三権分立を求めます。

　大学で「総括労働安全衛生管理者」（以下，総括）はしばしば名誉職として扱われます。これはとんでもない誤解です。労安法は，総括は事業所の長で安全に対して予算権限を持つ者であることを求めています。そして，総括はその職場で起きた重大な事故の，刑事事件の事情聴取対象者であり，責任者の不作為をとがめられる者であり，最悪，刑事罰を科される立場です。十分な予算権限を持たない者はこの職に就いてはいけません。総括本人にもその組織のメンバーにもたいへん危険かつ不幸なことです。

　昔，安全衛生委員会は労働者と経営者の安全に関する交渉の場でした。そのなごりで構成員の構成比なども法的に定められています。いまは，安全に関する取決めの作成や各部署の代表への安全に関する情報の伝達や周知などがそのメンバーのおもな業務です。その下位組織として「職場安全衛生委員会（集会）」を置き，組織構成員への伝達や安全教育などを実施します。

> **労働安全衛生法の三権分立**
>
> 総括労働安全衛生管理者　　　安全衛生委員会　　産業医
> 　（内閣総理大臣）　　　　　　（立法府）　　　（司法）
> 　予算権限を持ち
> 　安全対策を行う義務

労安法ではおもに三つの安全対策を示しています。それは，「教育」，「作業環境測定や職場巡視」そして「健康診断」です。

安全教育は，労安法では

・入社時

・新しい作業時

・職長就任時

・必要時

に行わなければならないとしています。大学では，入学ガイダンスやオリエンテーション時（入社時），各実験科目での説明やガイダンス時（新しい作業時），ティーチングアシスタント（TA）などの就任時（職長就任時）などに行ってください。

> **労安法の安全教育と大学の安全教育**
>
> ・入社時 ──────── 入学ガイダンスやオリエンテーション
> ・新しい作業時 ─── 各実験科目での説明やガイダンス時
> ・職長就任時 ───── ティーチングアシスタント（TA）就任時
> ・必要時 ──────── 装置などの使用開始時

また，教育を行ったら，安全衛生教育実施報告書（**図2.1**）を作成し，これを記録し保存しましょう。

特殊健康診断を必要とする業務，例えば特化物の取扱いや電離放射線を扱う場合は，学生でも特殊健康診断を受けなければなりません。

安全衛生教育実施報告書

平成＿＿年＿＿月＿＿日提出

報告者＿工学部＿＿＿＿＿＿学科＿＿＿＿＿＿＿

項目	摘　　要			
教育の種類	□新入生ガイダンス　□実習前ガイダンス　□講義「安全工学」 □その他（　　　　　　　　　　　　　　）			
実施日時	平成　　年　　月　　日　　：　　～　　：　　（　　時間）			
実施場所				
教育方法	□講義　□その他			
教育内容				
講師				
教育資料				
受講者氏名 （学生番号 下3桁） 本人自筆	001	002	003	004
	005	006	007	008
	009	010	011	012
	013	014	015	016
	017	018	019	020
	021	022	023	024
	025	026	027	028
	029	030	031	032
	033	034	035	036
	037	038	039	040
	041	042	043	044
	045	046	047	048
	049	050	051	052
	053	054	055	056
	057	058	059	060
	061	062	063	064
	065	066	067	068
	069	070	071	072
	073	074	075	076
	077	078	079	080

図 2.1　安全衛生教育実施報告書の書式例

2.8　安全関係の資格

　法律に定められた特殊な作業には，法律に定められた講習を受けて，あるいは資格を取得しなければなりません。詳細は，その資格のテキストなどを参考にしてください。

　資格は学生さんの就職に有利です。資格をとることをまじめに検討してください。でも，資格は就職のための道具ではなく，その技能を身につけている証明の手段です。あくまで能力を獲得することを目指しましょう。資格（手段）を目的化しないように，ご用心ご用心。

　資格は「自分はその能力を持つ」ことを示すための手段です。必要に応じて取得しましょう。また，資格そのものを取得しなくても，その資格の勉強を行うことは有益です。

　「衛生管理者」の資格取得には大学卒業後に1年の実務経験を必要とします。そのため，学生さんにはとりにくい資格です。しかし，内容は衛生に関する基礎的な事項から法律までを広くカバーしています。受験は就職後になるとしても，そのテキストを一度読んでみることをお勧めします。

　「危険物取扱者」の国家資格は比較的とりやすい資格です。安全の専門資格の入口として適切です。この資格のうち「甲種」を学生時代に取得できる人は，化学系科目15単位の取得を必要とするため，化学系の学科に所属している人にほぼ限られます（詳しくは各大学の担当者にお問い合わせください）。しかし，「乙種」には，受験資格はありません。特に「乙4」を持っていると，ガソリンスタンドなどでバイトをする時に，資格手当が付くこともあります。「丙種」取得のメリットはあまりありません。

【この章の課題】 手段の目的化について

　手段を目的化してしまい，本当の目的を見失ってしまうことは，生活の中でもしばしば見られます。そのような「手段の目的化」の例と，その弊害について，自分の見聞きした事例を記述せよ。ただし，この講義で扱った事例は除くこと。また，その事例の弊害についてはその文献ソースなどをしっかりと示すこと。

● **出題意図**

　法律は手段であるにもかかわらず，その権威ゆえに目的と誤解されます。そのような事例を自分の周りから見つけ出し，それを正しく伝わるように記述することにより，目的と手段のかかわりを理解します。

　手段は理解しなければ使いこなせません。しかし，手段と目的を混同すると道を誤ります。法律のあるべき姿を理解するためには，何が目的で何が手段かを意識しなければなりません。

● **この課題の学生のレポートから**

　手段と目的を混同しているレポートを多数見かけます。ことばとしては理解できても，本当に理解するのは難しいようです。一番よく回答されるのは「大学受験」です。大学入学を目的とすることの弊害について切々と書かれたレポートは臨場感を持ちます。

　また，目的と目標を混同する学生も多いようです。目標設定は目的達成の手段です。これは，戦略・戦術・戦闘の意味の理解不足なのでしょう。戦略立案は目的を定めること，戦術立案はその目的達成のための手段を求めて目標を定めること，そして戦闘は手段そのものといえます。

3 安全の心理

この章の結論

　"安全を実践するためにはヒトの心の動きを理解しなければならない。そのためには心理学的な理解が必要である"です。

　「智に働けば角が立つ。情に棹させば流される。意地を通せば窮屈だ。兎角に人の世は住みにくい」（夏目漱石『草枕』より）。

　ヒトは理では動きません，感情で動きます。そして，一度自分の考えを表明してしまうと，たとえ理としては間違っていても，あるいは間違っていることを自覚しても，屁理屈を駆使してでも自分の主張を貫こうとします。感情の邪魔により素直に自分の非を認められません。しばしば感情は理よりも優先されます。このようにして，その人の口から出てしまった「ことば」は言霊となり，その述べた人には「正しいこと」あるいは「真実」となり，その人の言動を支配し縛ります。

情に棹させば流される

　同じように，人は安全（理）よりも安心（情）を求めます。それを理解せずに理詰めで安全を押し進めようとしても，受け入れられません。安全推進には人間の心理を理解し，配慮しなければなりません。これは安全推進を行う者のノブレスオブリージュ＝「高貴たる者の義務」です。安全を推進するためには，心理学的な知識・教養とそれに基づく配慮を必要とします。よい意味での洗脳の能力が要求されます。

　そのような配慮をめんどくさいからといって，道理で動かない相手に法の権威を借りて強いるのは最悪です。法律は強制力を持つ権威です。しかし，法律を盾に安全対策を強いれば，安全推進者は虎の威を借る狐になり，その人自身の権威は地に落ちます。また，指導された人も安全を合理的なものとは捉えずに，単なる（やむをえない，あるいはめんどくさい）規制と認識します。受け

身の消極的な姿勢に陥らせてしまうと，積極的・攻撃的な安全対策の担い手にはなれなくなり，人材として潰れてしまいます。

3.1　安全と安心の峻別

「安全」の対義語は「危険」です。一方，「安心」の対義語は「不安」です。安全と安心はまったく異なる概念です[1)]。しかし，この安全と安心はしばしばセットで用いられます。政治家の選挙公約には「安心・安全な社会の実現」というように安心のほうが安全よりも優先されることもあります。

さて，Google の完全一致検索を行うと

「安全安心」	17 300 000 件
「安心安全」	66 300 000 件
「安全・安心」	17 200 000 件
「安心・安全」	139 000 000 件

でした[†]。圧倒的に，安心が先に置かれています。これから結論づけるのは早計かもしれません。しかし，一般的には安全より安心のほうが優先されているようです。

「安全 ⇔ 危険」は，客観的な指標です。例えば，人口 10 万人当りの 1 年間

---

†　2017 年 7 月に検索実施

の死亡者数などのように被害の大きさと確率で記述できる，定量的な指標です。一方，「安心 ⇔ 不安」は主観的なものです。心の揺れです。したがって，同じ要因・原因でも不安の大きさはその人により異なります。例えば，初めて飛行機に乗る人の場合，飛行機の離陸時に感じる不安は乗り馴れた人に比べてはるかに大きなものになります。

本書の読者の求めるべきは「安全」です。そして，周りに与えるべきは「安全」とそれをもとにした「安心」です。複数の危険要因を見つけた場合には，限られた経済的・人間的資源を使って，大きな被害をもたらすあるいは発生頻度の高い危険から対策しなければなりません。しかし，この安全と安心はしばしばミスマッチを起こします。安全なのに不安に思ったり，危険なのに安心したりします。ですから，不安をもとに対策の優先順位を決めてはいけません。例えば，ダイオキシンとタバコでは，ダイオキシンのほうを怖く感じる人が多いと思われます。しかし，ダイオキシンによる死亡率は 1×10^{-11} 人/年程度，それに対してタバコによる死亡率は 5×10^{-3} 人/年程度と，1億倍以上もタバコのほうが身近な大きな危険です[2]。

人間は状況に応じて合理的でない判断・行動をとります。ノーベル経済学賞（2002 年）を受賞したカーネマン（Kahneman）の「プロスペクト理論」はその有名な例です。「不確実性の下では，人間は経済学が想定する規範的な合理性とはかけ離れた意思決定を行う」というものです[3]。われわれは安全・危険に関して合理的な判断を求められます。しかし，近年の初等教育の「感性の教育」は合理的な判断（あるいは事実）よりも自分の感情（意見），安全・危険よりも安心・不安を優先するようにしばしば指導しています。さらに，切り取られた定性的な事実や理屈はしばしばそのような "感情＝意見" の正当化に使われます。不安を覚えた人は自分の感覚をもとに自分の意見に固執します。この感性の教育は，理を旨とする数学や理科離れを引き起こしました。

2016 年末に，ある小学校 3 年生のテストの解答とそれを×にした先生のコメントが話題になりました。テストの問題は「時間がたつと，影の向きが変わるのはなぜですか」というもので，その小学生は「地球が回るから」と解答し

たところ，先生から×をもらい，「太陽が動くから」という正解を示され，「学習したことを使って書きましょう」というコメントをもらったというものです。この事例に対して「小学校は天動説を採用しているのか？」，「それでも地球は回っている！」というような，この解答を間違いとした先生を揶揄するコメントを Web 上で多数見ました。先生としては，「教科書に書いてあるのだから」そう書くべき，あるいは地球が回転しているから太陽は動いているように見える，ということを習う前だから，これまでに習った範囲で解答を書くべきだと思ったのでしょう。しかし，そのような先生の見解（意見）に基づき狭い視野で答えることを求めるのは，やはり間違っています。この問題の本質は，事実を求める問題の答えに「局所的な切り取られた記述をもとに解答するべきだ」という先生の意見を介入させてしまったことではないでしょうか。

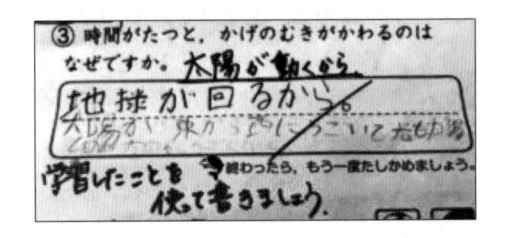

　現在の日本の初等教育を批判していても何も解決しません。危険要因に正しく対峙するために，まずわれわれは自ら安全と安心，危険と不安はまったく異なることを理解し，安全・危険の尺度を定量的に理解し，それを優先しなければなりません。われわれは，「なぜその危険要因を人々は過大に捉え，大きな不安を感じるのか，なぜその危険を軽んじるのか」を理解しなければなりません。そして，その危険と不安のミスマッチを防ぐ手法，危険情報を正しく伝える技術（リスクコミュニケーションの技術）を身につけなければなりません。

3.2　心理バイアス・認知バイアス：スロビックの 11 因子

　スロビックの研究によると，以下の 11 項目にあてはまる場合は小さな危険であっても大きな不安を覚えます[4]。

① 被害が受動的な場合

② 被害を個人的努力で回避できない場合

③ 被害が不公平な場合

④ 未知・慣れない原因による危険の場合

⑤ 異常な被害の可能性を持つ場合

⑥ 人工的なものによる被害の場合

⑦ 被害の発現までの長誘導期間のある場合

⑧ 被害が未来世代にまで及ぶ可能性のある場合

⑨ 被害者が身近にいる場合

⑩ 原因などが科学的に未解明な場合

⑪ 安全に関して矛盾する情報が提示される場合

このような場合には実際の危険を 1 000 倍も大きく感じるそうです。

　社会問題化する危険要因は，これらの項目の複数を満たしています。例えば，所沢ダイオキシン騒動（1999 年にゴミ焼却炉から排出されたダイオキシンが近隣の畑のホウレンソウを汚染しているとテレビで報道され，農家が風評被害を受けたというもの）は，上記の ①④⑥⑦⑧ にあてはまります。また「環境ホルモン」[5] の件は上記の ①②④⑥⑦⑧⑩⑪ の項目に該当します。

　受動喫煙（副流煙）の問題もこの 11 項目で理解できます。喫煙者と嫌煙者の間の議論はしばしば感情的なものになります。受動喫煙は喫煙者本人よりも危険な理由として「フィルターを通していない」という定性的な意見を持ち出すことがあります。その有害物質の作用を定量的に見れば，その危険はタバコを吸っている本人よりも明らかに小さなもの（極微）です。しかし，その不安は大きなものです。副流煙による受動喫煙の被害は，①②③⑦⑪ の要件を満たすために，それほど危険でなくても「不安」に感じます。特に，タバコの害

は遺伝的特性（SOD（スーパーオキサイドディスミューターゼ）という酵素の種類や量による個人差）が大きく，ヘビースモーカーでも長生きする人もいれば，受動喫煙で被害を受ける人もおり，その不公平さ（11因子の③）は危険の認知において，大きな齟齬の原因になります。そして，Halo効果（後述）により，タバコを吸っている人はタバコの健康被害を過小評価します。このようにして，喫煙者と嫌煙者の間では，お互いに理解しがたい危険認知の異なりが発生し，噛み合わない議論になります。

　このほかにもいろいろな心理バイアスにより，われわれは危険の大きさを見誤ります。われわれは記憶しやすい，繰り返し見聞きする危険に強い不安を覚えます。これはマスコミの報道の頻度の影響や話題の新旧の影響です。例えば，白血病は糖尿病に比べて「怖い」病気と思われています。テレビドラマや映画で白血病を悲劇の題材に取り上げることはあっても，糖尿病を取り上げることはほとんどありません。女優の夏目雅子さん（1985年没）や歌手の本田美奈子. さん（2005年没）なども実際の話として繰り返し報道され，病気の恐ろしさを訴えてきます。日本での白血病の死亡数は年間おおよそ8 200人といわれています。一方，糖尿病とそれに起因する症状による死亡数は14 000人と見積もられています[6]。もちろん，白血病は発症数も少ないために発症した場合の生存率は比較的低く，若い人に発症することが多いため，ことさら怖く感じます。さらにダイエットや生活習慣の改善などの自分の努力で回避可能な糖尿病よりも，回避できない白血病のほうが恐ろしく感じます。

　一方，危険を軽視する方向へ誘導する心理バイアスもあります。Halo（ハロー，後光）効果です。自分にとって便益の大きなものに関する危険はそれほど不安に感じません。オートバイなどの二輪車による事故死者数は自転車とほぼ同数，四輪車のほぼ半分程度です[7]。四輪車と二輪車の台数比はおおよそ20：1ですから，二輪車（オートバイや原付）は四輪車に比べておおよそ10倍危険と見積もられます。しかし，オートバイに乗る人は，それほど危険であるとは認識していないでしょう。それは自分で選んだ交通手段であり，オートバイ乗りの人には大きな便益（楽しみ）を与える交通手段だからです。

安全対策の戦術を司る者は，このような心理バイアスにより，至急に対策すべき危険が軽く見られ，あるいは軽微な危険がことさらに取り上げられ，人的資源や経済的資源をそれに費やしてしまうことを避けなければなりません。安全推進の判断基準は安全・危険にすべきであり，安心・不安にすべきではありません。

3.3 地震の経験

幸いに，私は震度6以上の地震の経験を持ちません。また，震度5の地震も2回しか経験しておりません。

かなり前になりますが，2000年10月6日に，鳥取県西部地震がありました。金曜日の午後，工学部1号館1階の図書室で教授先生と学生さんと3人でランチ後のディスカッションをしている時に，岡山市も震度5の揺れに襲われました。私は建て付けの悪い部屋の扉を開けて，念のために学生さんに机の下で頭を守り揺れがおさまったら窓を開けるように指示しました。揺れの中で「ぼっと」座っていた学生さんは指示を受けるとすぐに安全確保の行動をとりました。私は廊下に出て，「地震だ火を消せ」と3回怒鳴ったのですが，学生さんがいるはずのほかの研究室からは何の反応もありませんでした。揺れが完全におさまった後に別棟の6階にある実験室へ急ぎ移動し，安全確認をしました。後日，1号館2階の教授先生から，「片桐さん，大きな声で，元気なことで（笑）」と揶揄されました。

つぎに震度5の揺れに遭遇したのは，東日本大震災の1年半ほど後の盛岡でした。2012年12月に私は第39回有機典型元素化学討論会に参加していました。学会の2日目の午後5時過ぎに三陸沖でM7.4の余震が発生し，盛岡も震度5弱でした。会場のいわて県民情報交流センター（アイーナ）の最上階のホールの階段席で地震に遭遇しました。

招待講演の途中で突然「キュインキュイン」と携帯の警戒音が聞こえました。そのとき私は「何の音だろう？ 携帯鳴らすなんて非常識な！」と思っていました。5〜10秒後に大揺れ（震度5〜6相当）が1分ほど継続しました。

この揺れで照明などの天井設備が激しく揺れました。私が講演要旨集で頭を守ると，皆がそれにならいました。大揺れ後もゆっくりとした揺れが 10 分ほど続きました。しかし，講演は中止になりませんでした。続行することに私は少し驚きました。会場の聴衆は誰も逃げませんでした。避難を促す館内放送が繰り返し行われる中で，座長は「アナウンスがうるさいから扉を閉めて」とわざわざ開けた脱出路を閉じました。そのとき，私も同様に避難指示の放送をうるさく思っていました。その後，15 分遅れで講演は終了しました。結局誰も避難しませんでした。私も逃げませんでした。

2000 年に少人数で地震に遭遇した時には迅速に地震に対して理想的な行動をとれたのですが，2012 年の学会会場では，まったく避難行動をとれません（とりません）でした。2012 年の地震において，私は完全に逃げ遅れる者の心理にはまっていました。「恒常性バイアス」と「多数派同調バイアス」に支配されていました。

3.4 大川小学校の悲劇：恒常性バイアスと多数派同調バイアス

逃げ遅れは命にかかわります。それをわれわれに思い知らせてくれたのが，東日本大震災の津波による「大川小学校の悲劇」でした。この事例は，「恒常性バイアス」と「多数派同調バイアス」により引き起こされた悲劇でした。この事件は，亡くなられた子供達の遺族と小学校を管理していた市や県の間の裁判が継続しており，また報道や証言の相互矛盾もあり，現場で何があったのか，その事実や真相はまだわかっていません。しかし，大きな悲劇であり，忘れてはならない未来への教訓にすべき事例と思います。

大川小学校は宮城県石巻市，新北上川（追波川）河口から約 4 km の川沿いに位置する小学校です。この小学校から海は直接には見えませんが標高は 4 m と低く，校舎は 2 階建てでした。震災当時のハザードマップでは，この小学校へは津波は来ないと予想されていました。しかし，この小学校を「校舎の屋根を越える」津波が襲いました。校庭に避難していた児童のうち 68 名が死亡し，6 名が行方不明になりました。学校で被災して助かった児童は 4 名だけだそう

です。また，校内にいた教職員 11 名のうち 9 名が死亡，1 名が行方不明，助かったのは 1 名だそうです。

新聞報道（山陽新聞，2011.8.24）では，生き残った児童の証言として，

"避難場所をめぐって教頭と地域の人がはなしあっている場面を証言。「（裏）山へ逃げた方がいい」と話す教頭に対し，地域の人は「ここまで（津波が）来るはずがない」「三角地帯へに行こう」と言っていたという。"

と書かれています。さらに週刊誌（週刊ダイヤモンド，2011.11.3）では，

"5，6 年生の男子たちが「山さ上がろう」と先生に訴えていた。当時 6 年生の S 君と K 君（注：元記事では氏名記載）は「いつも，俺たち（裏山へ）上がってっから」「地割れが起こる」「俺たちここにいたら死ぬべや」「先生なのに，なんでわからないんだ」とくってかかっていたという。〈元記事改行〉2 人も一旦校庭から裏山へ駆け出したが，戻れと言われて，校庭に引き返している。"

と報道しています。長時間の議論の後に校庭の避難者全員で三角地帯へ避難を始めましたが，その直後に津波に飲まれてしまいました。

ほかの新聞報道（河北新報，2011.9.8）の見出しには住民の T さんの 15 時 30 ～ 37 分の証言として，「避難の叫び届かず，「大丈夫」顔見知り，笑顔で手を振る」とあります。これからも，現場にはあまり危機感はなかったことをうかがえます。これは，校庭の現場は恒常性バイアスに支配されていたことを示唆します。

恒常性バイアスは正常性バイアスとも呼ばれます。事故などに遭遇し被害が予想される場合であるにもかかわらず，根拠なく自分に都合の悪い状況を無視し，「自分は大丈夫」と事態を過小評価する心の動きです。これは「理」より「経験」をもとに判断する心の動きです[8]。

とっさの事態にはすばやく判断することが，生存のために求められます。その場合，時間をかけて理詰めで考えるよりも，自分のこれまでの経験に照らし合わせてすばやく反射的に判断するほうが生存確率を上げます。ですから，人

は経験に頼ります。この地震の1年前の2010年チリ沖地震による津波警報の時に，実際に石巻市に到達した津波の高さは1m以下でした。もちろん，大川小学校には達しませんでした。また，震災の2日前の2011年3月9日の三陸沖地震（M7.3）の津波注意報でも，波高は0.5m程度でした。このような何回かの無被害の津波警報や注意報の経験に基づけば，「大丈夫」，「ここまで津波が来るはずがない」と判断してしまうことを理解できます。イソップ寓話の「オオカミ少年」のように慣れてしまったのでしょう。

　しかし，約千年前，西暦869年の貞観地震では，石巻市のあたりで4mの津波，東北地方の他の沿岸では6～12mの津波高と見積もられています。人間の短い人生の中の経験では安全な場所も，歴史的には危険だったということです。ドイツの鉄血宰相ビスマルク（Bismarck）は「愚者は経験に学び，賢者は歴史に学ぶ」といっています。まさにそのとおりです。本質的な安全のためには恒常性バイアスのような心理バイアスに支配されずに理や知を優先させなければならないということでしょう。岩手県宮古市の姉吉地区には，明治三陸大津波の教訓として「此処（ここ）より下に家を建てるな」と記した大津波記念碑が立てられているそうです。この教訓は守られ，この地区の東日本大震災の津波による建物被害はなかったそうです。

　また，「（裏）山へ逃げたほうがいい」と主張していた教頭先生が，最終的に三角地帯へ「全員そろって」移動したのは，多数派同調バイアスとそのバイアスを正当化する職業的使命感によると思われます。多数派同調バイアスは，危機的状況で自分の行動を周囲に合わせる心の働きです。誰かが行動を起こした時にそれに一斉に従えば，パニック行動が発生します。一方，誰かが行動を起こすまで待機すれば，集団で逃げ遅れが起こります。そして，自分が正しいと思っても多数決に従ってしまいます。逃げ遅れの原因になります。そして，より恐ろしいのは，この多数派同調バイアスは周りの人にも「多数派同調圧力」として働いてしまうことです[9]。みんなで一緒に避難するほうが安全だという理屈，自分の生徒を管理下に一律に行動させなければならないという職業的使命感が，裏山に逃げようとした生徒を連れ戻してしまいました。

大川小学校の悲劇は，校庭の先生方や地域住民など大人たちの「恒常性バイアス」と「多数派同調バイアス」により引き起こされたといっても過言ではないでしょう。

3.5 「津波てんでんこ」の教訓

この大川小学校の悲劇と対比されるのが「釜石の奇跡」です。ここでは「津波てんでんこ」の教えが，多くの児童を救いました。釜石市の小学生 2 921 名の生存率は 99.8 ％であったそうです。「津波てんでんこ」の教育の成果でした[10]。「津波てんでんこ」は，「津波が来たら，取る物も取り敢えず，肉親にも構わずに，各自てんでんばらばらに一人で高台へと逃げろ」，「自分の命は自分で守れ」という教えです。これは恒常性バイアスによる思考停止や多数派同調バイアスによる集団行動を真正面から否定するものです。釜石の奇跡がどのようなものであったか，どのように達成されたかについては，2012 年 9 月 1 日に放送された NHK スペシャル「釜石の“奇跡”いのちを守る特別授業」で詳しく検討されています。そこでは普段からの教育の重要性，知識の重要性を述べています。

3.6 他愛行動か？ 手段の目的化か？

2011 年 10 月 2 日に NHK スペシャル「巨大津波―その時ひとはどう動いたか」という番組が放送されました。宮城県名取市閖上地区での住民の動きを追跡した番組でした。この番組では避難行動の阻害要因として，「恒常性バイアス」，「多数派同調バイアス」と「他愛行動」の三つを挙げていました。最後の“他愛行動 ＝ 他人を助けようと思う心”が多くの逃げ遅れを生み，命を奪ったというのは，あまりにも悲しい結論です。この番組を見た私はこの結論に違和感を覚えました。その後，この番組をまとめた書籍[11]が刊行され，読み直し，検討するチャンスを得ました。

その中のインタビューでの記述（上記 p.80）を引用します。

〔一部抜粋，一部片桐により変更〕

　もうダメだ，とにかくおばあちゃん立って行こうということで，お話はしたんですけどね。

　（途中省略）「いいんだ，私はどうなってもいいんだわ」という話だけなんですよね。

　置いては行けなかったですね。（途中省略）

　でもそこに留まったならＡさん（書籍中では実名）たちの命も危ないですよね。

　それもありましたけど，その時はあまりそこまで考えませんでしたね。自分の命がどうのこうのというよりも「とにかく行こう」ということで，「一緒に行こう」という気持ちがありましたので。（引用終わり）

　書籍の記述から，恒常性バイアスに支配され，避難を拒むおばあさんをなんとか避難させようとするＡさんの行動と心の動きをうかがい知ることができます。そして，この書籍ではこのＡさんの行動を「他愛行動」と位置づけています。しかし，このインタビューでのコメントから，このＡさんの行動の

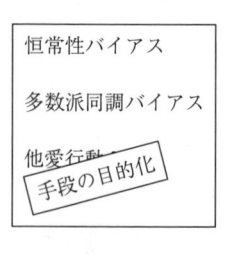

恒常性バイアス
多数派同調バイアス
他愛行動
手段の目的化

裏に，「命を助ける」という本来の目的が置いてきぼりにされ，「一緒に行く」という手段が目的化されたかのような印象を私は受けました。すなわち，命の危険を招いた心理バイアスの正体は，他愛行動を生んだ，「短絡思考による手段の目的化」ではないかと思います。

　短絡思考や手段の目的化は「教育心理学」や「認知心理学」の分野でよく研究されています。「安全工学」でも重要事項です。1，2章では，行き過ぎた“法令遵守＝コンプライアンス”は短絡思考的に法の目的化（手段の目的化）を招くと述べました。この短絡思考による手段の目的化も安全を阻害する大きな心理バイアスです。

3.7　日本人の特性，レジリアンス

ここまで，恒常性バイアスと多数派同調バイアスの負の側面を述べました。

しかし，これらのバイアスには正の側面もあります。

　震災から5ヶ月後の2011年8月に私はデンバーでアメリカ化学会に参加していました。昼間のセッションが終わり，ホテルへ戻りテレビをつけると，Weather Channel の特番をやっていました。そこでは大震災における日本人の冷静な行動を報道していました。その番組内で「レジリアンス（resilience）」ということばを初めて知りました。

　2011年3月の大震災のとき，東京では鉄道が全面的に止まりました。そのとき，多くの帰宅困難者は粛々と歩いて帰る，駅で待機するなど整然と行動しました。この冷静な行動は日本人のレジリアンス（困難な状況に耐え回復する力）として，海外メディアで大きく取り扱われました。「文句を言わずに，集団で耐える力は日本人の魂の中に浸透している」，「辛抱の名人級」，「略奪は一度たりとも見なかった」，「なぜ大震災下の日本で略奪が起きないのか？」と，アメリカをはじめ他国では考えられない日本人の冷静さを不思議に思うというコメントを発しました。

　私は，これは日本人の強い恒常性バイアスと多数派同調バイアスの正の効果ではないかと思います。賞賛される日本人の特質と大川小学校の悲劇の根源は同じ心理バイアス，恒常性バイアスと多数派同調バイアスによると思われます。このことから，日本人はパニックを起こしにくい教育・社会的環境にあると思われます。日本人にとって怖いのは，パニックよりもパニックを必要以上に恐れることです。

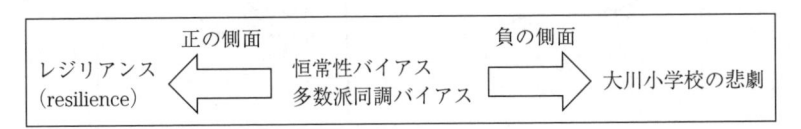

　非常時には脳が最も活性化した状態で対処することが望まれます。柳田邦男は著作[12]の中で，脳が最も活性化するのは平常状態よりもやや活性化した状態（フェーズ3）であるとしています。日本人の場合は，さらに活性化し暴走したパニック状態（フェーズ4）ではなく，極端に活性の落ちている状態

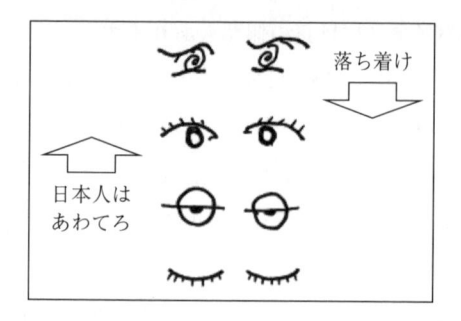

（フェーズ 1 ～ 2）になるということでしょうか。

　アメリカのアクション映画やドラマで危機的な状況に陥った主人公が「落ち着け！　おちつけよ！」と独り言で自分に言い聞かせて，敵に対峙する準備をするシーンがあります。日本人の場合は「あわてろ（でも考えて動け）」と自分に言い聞かせるほうがよいかもしれません。釜石の奇跡の原動力となった「津波てんでんこ」や「稲むらの火」[†]も，「落ち着け！」ではなく「あわてろ！」です。

　このように，心理バイアスには正の側面も負の側面もあります。安全の指導者はこれらを意識し，場合によっては「稲むらの火」の浜口五兵衛のように人

---

†　「稲むらの火」は 1854 年の安政南海地震の時に，高台への避難誘導のために刈り取った稲の束（稲むら）に火をつけて，消火のために集まった村人を津波の被害から救った話です。昭和初期の小学校の国語の教材になっていました。小泉八雲の「A Living God」を原作として，中井常蔵により書かれました。

の心を利用して（操って），安全を実行すること，その戦術を立てることを期待されます。

　この2011年の大震災，特に津波による人的被害は取り返しのつかないものでした。この犠牲を無駄にしないこと，その教訓を活かして今後の大きな災害被害を防ぐことが何より重要です。われわれは誰が悪かったという犯人探しや責任の所在を明らかにする視点ではなく，どうしてこのような大災害になったのか，どうしたら今後このような被害を極限まで最小化できるのかという視点でこの災害を見る必要があります。

　この災害から学ぶ者として，亡くなられた方々へ心から哀悼の意を表します。

宮城県名取市閑上地区の慰霊碑
（2016.8.14 著者撮影）

3.8　リスクコミュニケーション

　安全や危険の情報を誤解なく正しく伝えるためには，人間心理を理解したうえで，それをコミュニケーション戦術に利用することが求められます。正しい日本語で伝達することはもちろんです。理系的な正しい文章を記述する技術は技術表現やリスクコミュニケーションにおいて重要です。リスクコミュニケーションには通常のコミュニケーションの技術にくわえて多くのノウハウがあります。ここではその代表的な2例を挙げます。

1)“箇条書き＋否定形”は誤りを引き起こしやすい　　昔のコンピューターのマニュアルによく見られました。箇条書きで５項目くらい書かれていて，その最後に「以上の操作はしてはいけない」と書かれているものです。これは引っかかります。さらにこの記述法が批判を浴びるからでしょうか，その箇条書きの前に「以下をすべて読んでから操作すること」のような読み方の注意を付けている場合もあります。しかし，このような注意書きはしばしば読み飛ばされますし，誰も守りません。だいたい，最近はマニュアルそのものを読みません。もし，箇条書きで禁止事項を記載するのなら，まず「禁止事項は以下のとおりです」と最初に書かなければなりません。内容が否定的である文章やマニュアルの作成は要注意です。

2)「大丈夫か？」の罠　　実験室でガラス器具が割れる音が聞こえ，悲鳴が聞こえると，教員は緊張します。すぐに現場に向かって「大丈夫か？」と声を掛けますが，この声の掛け方では「大丈夫です」という答えしか返ってきません。極端な場合には「大丈夫ですが，手を切りました（全然大丈夫じゃない！）」と矛盾する答えが返ってきます。事故に遭遇し，思考停止状態に陥った時には，質問に対してオウム返しをしがちです。ですから抽象的な単語で「大丈夫か？」と問われると，大丈夫の意味を理解しないまま，反射的に「大丈夫です」と返事してしまいます。このような場合は「大丈夫か？」ではなく，より具体的に「けがはないか？」と聞けば，「けがをしました」，「けがはありません」と返事が返ってきます。こんな普段の問い掛けにも，正しい受け答えのための技術は必要です。

　　より高度なリスクコミュニケーション，例えば専門家による一般の方々への新しい技術の安全性や危険性の説明では，専門用語を使って微に入り細にわたり説明しても十分に理解させられなければ，説明される前よりも一般の人はむしろ不安になります。だからといって，「大丈夫！　大丈夫！」と繰返すのは不誠実です。専門家はわかっている者としての“ノブレスオブリージュ＝高貴たる者の義務”を意識し，自分の側に“わかりやすく説明する義務＝説明責任（アカウンタビリティ）”のあることを自覚しましょう。そして，正しく理解し

てもらうためには，話す側に対する聞く側の信頼・信用が必須です。その信頼関係を普段から育て，毀損しないようにする努力が重要です。このようなリスクコミュニケーションの技術については分野ごとの専門書を参照してください。

【この章の課題】 ケースメソッド

　あなたは小学校の最高責任者です。大地震に伴い，大津波警報が出ました。ハザードマップでは学校は避難所に指定されています。生徒を預かる責任者の立場で，危険を避けるために「生徒を連れて裏山に逃げる」ことを主張しました。しかし，現場の教員や地域住民の多くは「大丈夫だ，ここまで津波はこない」と反対しています。

　（1）あなたはその場でどのように行動するか。その反対意見を言う人をどのように説得するか，考えよ。

　（2）そのようなリスクコミュニケーションを円滑に行うために，何を行うべきか，何を行っておくべきかを考えよ。

● 出題意図

　プロは刻々と変わる状況の中で最善の判断を下すことが求められます。大川小学校の教頭は，学校の責任者として苦しんだだろうと推察します。自分の判断は「裏山へ逃げる」であっても，その場の多数が別の行きやすい場所を主張したら，自分の判断が正しいかどうかについて揺らぐでしょう。

　また，そこで「大丈夫だ，ここまで津波はこない」と主張した人も，確たる根拠を持っているわけではなかったと思います。しかし，一度口に出してしまうと，その主張を簡単には曲げられなくなります。そのような心理的な状況を深く想定してください。

● この課題の学生のレポートから

　大川小学校を想定した課題で「教頭はついてくる者だけでも引き連れて裏山に逃げるべきだった」という回答がありました。私には予想できなかった回答

です。しかし，これは「津波てんでんこ」の視点では正しい行動です。この回答者も「津波てんでんこ」を意識していました。

　しかし，この判断は現場の責任者の教頭先生には許されなかったのでしょう。教頭はプロの教育者と現場（学校）の責任者として生徒の安全を守らなければならないという「職業的使命感」を持っていたのでしょう。そしてこの使命感は，その場にいる全員の安全の責任を教頭に負わせました。これが，全員一緒に行動することを大前提にさせてしまったのではないかと思います。そして，この大前提に基づいた避難場所についての議論における意見の食い違いが時間を無駄に費やし，避難のチャンスを奪ってしまったのではないかと推測します。

　歴史に if はありません。しかし，もし教頭がすぐに自分の考えを翻し，避難の容易な川沿いの三角地帯にたどり着いていたとしたらどうでしょうか。実際には三角地帯は津波に飲まれており，誰も助からなかったでしょう。また，校舎の2階に避難したとしても，同様に津波に飲まれてしまったでしょう。しかし，もし教頭以外の教員が強引に裏山への避難を主張し強行したら，少なくともその先生について行った生徒は助かったでしょう。そして，多数派同調バイアスによる，なし崩し的な行動で全校児童が裏山に避難すれば，被害は最少になったでしょう。その意味で，この事例の不幸は，結果論として正しい主張をした教頭が，学校の最高責任者として生徒全員の安全に責任を持っていた，その強い職業的使命感にもあります。

　以上のように，地震が起こってからでは遅すぎることがわかります。地震が起こる前にどのように避難行動すべきかをルールにして，それを周知する必要がありました。

4 化学物質のリスク-1 (危険物)

> **この章の結論**
> すべての物質は化学物質であるから，安全の実践には化学物質に関する知識が必須であること，化学物質を扱う際に十分な知的準備をすること，保護具は頭を使って適切なものを選択することです。そして，化学物質を扱う時には十分な安全対策を準備しておくことです。

4.1 化学物質のリスクとは

化学物質は「化学分野」だけのものではありません。この地球上のすべての物質は「化学物質」です。電気電子分野で使用するハンダはスズと鉛の合金です。機械で使用する油やその洗浄剤・拭取り剤は有機物です。エンジンを動かす燃料も化学物質（可燃物）です。印刷インクの拭取り剤の1,2-ジクロロプロパン-塩化メチレン溶媒による胆管ガンの発生事故は，このような当たり前のことを意識していなかったことに起因します。

化学を専門にしている方々は，むしろその危険性や有害性を意識しています。他分野の方こそ，しっかりと意識してください。

「危険性」ということばは，飲むと毒であるとか触れると皮膚がただれるとかの意味をイメージしますが，化学の世界では，爆発したり燃えたりする火災・爆発危険性を表します。毒性など生体への悪影響は「有害性」ということばで区別します。

4.2 化学物質のリスクの情報源：MSDS

安全データシート（MSDS あるいは SDS）はこのような化学物質の危険性や有害性の情報源です。MSDS は material safety data sheet の略です。使用する

「化学物質の名前　SDS」で Google 検索すると，PDF などのファイル形式の安全データシートをダウンロードできます。このデータシートの記載事項は経産省により指定されています。しかし，その書式は会社によりバラバラです。また，このデータシートの著作権は作成会社にありますので，その無断転載はできません。

　安全データシートに記載の使用上の注意点は，少量から大量までを対象としていることです。実際の使用時の使い方・スケールなどの TPO を意識していません。危険の最小公約数的なものです。そのため，大学や研究現場での少量の使用では，ノイズになる意味のない注意書きを，MSDS は多く含みます。

　そのような現場での使用状況や TPO による法的な対策指示の不一致の問題を解決する対策として，平成 26 年の改正労働安全衛生法は使用時のリスクアセスメントを義務づけました。有害性の高い 640 の化学物質について，これらの物質の使用者はその TPO に応じたリスクアセスメントを行い，ローカルな現場での "作業上の注意＝「作業標準書」" を作成しなければなりません。このような作業標準書は，定常作業の製造現場では作成・管理できるものです。しかし，研究のような非定常作業の現場でいちいち新しい実験ごとに作成することは実際的にできません。むしろ実験ノートへの「予習」の形で行うことになります。実験ノートの共有化とその作成は安全のための大事な作業です。そして，それを実施できるようにする教育は重要です。もちろん，このような予習は気をつけなければアリバイ予習になりがちです。MSDS の記載内容の単純コピーでは意味を持ちません。また，網羅的なもの，実験の繰返しによる改正や最適化を期待できません。私はこのあたりに安全に関する研究の余地を覚えます。

　また，世に出回っている MSDS の中には安全に関して記載の間違っているものもあります。例えば，1,2-ジクロロプロパンは，印刷インクの拭取り剤として使われていました。この化学物質は，2012 年頃から社会問題になった胆管ガンの原因物質であると考えられています。この物質の製造各社の安全データシートを見てみると，多くの会社は手の保護具として「フッ素ゴム」の手袋

を指定しています。しかし，ある会社の場合は「ゴム製保護手袋」とのみ記載しています。"一般にいうゴム手袋＝ラテックス（天然ゴム）の手袋"は塩素系溶媒を透過します[1]。それどころか，天然ゴムは親油性ですから，塩素系溶媒を積極的に吸着し濃縮します。このデータシートに従い，保護具としてラテックスゴムの手袋を使用すれば，手の皮膚は濃厚に塩素系溶媒に曝露し，経皮吸収により体内に取り込まれ，健康被害を招いてしまいます。安全データシート（SDS）はリスクアセスメントの基礎となるものです。その公的な査読制度や認証制度は将来の大課題です。そして，フッ素系ゴムの手袋でも，完全に透過を防げません。

　安全データシートは大事な情報源です。しかし，安全推進者はこのデータシートさえも自分の頭と常識で疑ってください。

4.3　化学実験の時の保護具・実験スタイル

　化学実験室の服装や保護具は，基本的には対有害性のものです。白衣は薬品をかぶったとき，着火したときにすぐ脱げるものでなければなりません。ひらひらした部分が多くあると，器具を引っかけます。安全メガネは爆発やガラスの飛散に耐える堅牢なものが望まれます。いずれにしても，実験内容（TPO）に応じて最適なものを選んでください。

4.3.1　安全メガネ

　安全メガネはマストアイテムです。薬品を使う実験では，溶媒により安全メガネを使い分けましょう。生化学実験など水系溶媒の場合はプラスチック製でもガラス製でもよいのですが，有機溶媒の場合にプラスチック製の保護メガネは溶けて失透します。要注意です。もともと視力補正のためにメガネをかけている人の使用する市販の安全メガネ（ゴーグル）はプラスチック製の安価なもので，メガネの上にカバーするように装着します。有機溶媒などで視界が悪くなったら，あきらめて新しいものに取り替えましょう。

　著者は有機化学を専門としております。その実験時に使用しているメガネは

分厚いガラスレンズの，遠近両用メガネです。実験時には遠くの学生の挙動
も，近くの実験指示書も見なければなりませんから，どうしても遠近両用であ
ることがのぞまれます。また，ガラス製であることは，有機溶媒への耐性の都
合上，必須です。プラスチックレンズはアセトンなどの有機溶媒がかかると，
溶けてしまい，透明ではなくなってしまいます。そして，メタルフレームはサ
ングラス用の大面積のものです。そのため，この特注の実験用メガネの重量は
普通のメガネの数倍もあります。これにクリップオンで跳ね上げられるサング
ラスを着けて，実験用の安全メガネとして使用しています。

　大学の化学実験中の重大災害の多くは目の障害です。失明すると取返しがつ
きません。ほかは多少いい加減でも（イヤイヤいい加減ではダメですが）安全
メガネだけは絶対に忘れないで装着してください。安全メガネを着用していな
い者は，実験室から追い出しましょう。

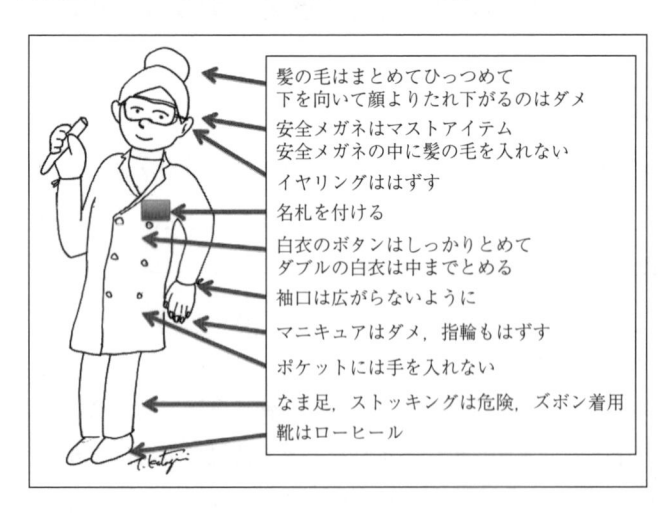

髪の毛はまとめてひっつめて
下を向いて顔よりたれ下がるのはダメ
安全メガネはマストアイテム
安全メガネの中に髪の毛を入れない
イヤリングははずす
名札を付ける
白衣のボタンはしっかりとめて
ダブルの白衣は中までとめる
袖口は広がらないように
マニキュアはダメ，指輪もはずす
ポケットには手を入れない
なま足，ストッキングは危険，ズボン着用
靴はローヒール

4.3.2　手　　　　袋

　手袋も TPO に応じて，特にその素材を意識して使い分けてください。

　生化学実験などで，水系の溶媒を用いる場合にラテックスのゴム手袋は有効
です。しかし，有機溶媒を用いる場合に薄手のラテックスのゴム手袋は使って
はいけません。ラテックス（天然ゴム）は親油性です。だから，ラテックスの

ゴム手袋は有機物を透過し分配吸着し，長期間濃厚な皮膚との接触を引き起こします。しかし，現状でも有機化学研究室でラテックスのゴム手袋を見かけます。憂慮すべきことです。そして何より大きな危険は，何でもかんでもゴム手袋をはめておけば大丈夫，というルーチンな態度です。

メチルイソシアネート（CH_3-NCO）は有害性（毒性）の高い試薬です。また，刺激性が強く，気散しやすく不用意に近づけばわずかでも目が開けられなくなります。この試薬の恐ろしさは，産業災害史上最悪といわれる「ボパールの悲劇」で有名になりました。

私自身も，実験中にわずかな量のこの試薬に曝露し，『天空の城ラピュタ』のムスカのように目を抑えてのたうち回るような目に遭いました。実験はメチルアルキルウレアの合成のため，アルキルアミンとメチルイソシアネートを反応させている時に起こりました。もちろん，安全確保のために，実験は局所排気設備（ドラフト）の中で，白衣はもちろん着用し，髪の毛に付くことを恐れて帽子をかぶり，メガネも開放式ではなくゴーグル型のものを用いて，活性炭吸収缶を備えたマスクを装着し，手はゴム手袋を二重にはめて，いざという時のために実験補助者を同様の装備で待機させて，隙のない状態で実験に臨みました。メチルイソシアネートのアンプルを開けて，滴下ロートの中に入れ，空のアンプルを水で無害化し，洗い廃液も無事タンクに入れて密閉しました。

その時，ゴーグルが少しずれました。さすがに手で直すのは怖かったので，二重にしていたゴム手袋の外側をはずして，その手でゴーグルを直そうと近づけた瞬間，私はムスカ状態になりました。目に激烈な痛みを感じ，実験補助者に「やられたー，洗顔所に連れて行ってくれ」と頼み，洗眼し，それでもしばらくの間，目は開けられずまぶたを開いても視界はにじみ，痛みの中「失明するのかな…」と恐怖しました。幸いに失明することなく，数時間後には視界は回復しました。恐怖の体験でした。あれだけ周到に準備をしたのに，それでも被害を防げなかった理由は何であったのかと考え続けていました。

その後，数年経って，アメリカ化学会の『C&E NEWS』という雑誌のChemical Safety 欄にダートマス大学のヴィッターハーン先生のジメチル水銀

による死亡事故が載りました[2]。彼女の場合は，ラテックス（天然ゴム）の手袋にほんのわずかのジメチル水銀をたらしてしまったのが死亡原因でした。

このラテックスの手袋がくせ者です。"ラテックス＝天然ゴム"は炭化水素ポリマーでできています。ですから水ははじくのですが，脂溶性を持ちます。だからラテックスの手袋をはめていても，危険な有機物はこれにしみ込みます。ジメチル水銀もメチルイソシアネートもあるいは塩素系有機溶媒もラテックスの手袋は防いでくれません。それどころか，雰囲気中の有機物は積極的に手袋の表面に吸着されたと思われます。さらに，手袋を二重にしていると，しみ込んだ有機物はその隙間にたまり，皮膚と高濃度の接触を促進し，危険だったと思われます。

素手に付いてもすぐ乾けばしみ込まない塩素系の有機溶剤もラテックスの手袋を使っていると，しみ込み，皮膚との間に濃厚な層を作り，長時間の接触に至ります。手袋の装着があだになりかねません。印刷工場での塩素系溶媒による胆管ガンの事故報道のとき，テレビ画面に映された塩素系溶媒の小瓶を持つ手がゴム手袋をはめていたことを苦々しく思い出します。

胆管ガンの原因物質のひとつである「ジクロロプロパン」の MSDS の多くは，保護具としてフッ素ゴムの手袋を指定しています。しかし，先にも述べたように，なかには保護具としてラテックスの手袋を指定しているものもあります。ここで，フッ素系の手袋は高価であり，あまり一般的ではありません。そのため，安直にフッ素ゴムの手袋の代替品としてラテックスのゴム手袋を使ったのではないかと推測します。

どのような手袋が好ましいのでしょうか。答えはまだありません。ニトリルゴムの手袋はまだましですが，それでも厚手でないと有機溶媒を透過します[1]。このあたりは新しいイノベーションの余地かもしれません。

4.3.3　マ　ス　ク

マスクは必要なところで最適なものを使いましょう。そしてなによりマスクによる有害物質の除去への過信は禁物です。

粉塵の発生する作業でのマスクは有効です。必須アイテムです。出てくる粉塵のサイズに合わせて適切なマスクを選択してください。

有機溶剤の作業で，薄い活性炭層を付けた紙製のディスポーザルマスクを使っても，TPO によりますが，わずかに数 % 程度の軽減効果しかありません。90 %以上の有機溶媒は通過してしまうと考えましょう。有機溶媒の除去には吸収缶を取り付けた毒ガスマスクのようなものを着ける必要があります。それでも，ヘキサンなどの極性の低い溶媒はうまく除去できません。その除去率は，よくても半分程度です。粉塵作業など目に見える大きさの微粒子や有機溶媒でも，ミスト状のものの除去にはマスクは有効です。でも，大気中に揮発した分子状の有機物は除去できないと考えてください。それよりも局所排気設備（ドラフト）内で作業すべきです。冬場寒くても，健康のために部屋の換気を頻繁に行ってください。

私自身も学生時代にはマスクの効果に過剰に期待していました。とはいえ，マスクは消耗品ではあっても，使い捨てにできるほどではなく，数日間は同じマスクを使っていました。そうすると，直前に食べたものの匂いなどが付きます。私が実験をしていると，後輩が「オレフィン臭い！」と言いました。しかし，マスクをしている自分には気がつきませんでした。しかし，実際にはドラフトのファンベルトが切れていて，モーター音はしていても排気していない状態でした。古いマスクをしていると，特に周囲の臭いへの感受性を損ない，異常事態を感知できなくなります。

マスクは必要なとき以外はしないほうがよい。無条件に（考えもなく）マスクをしておけばよいとルーチン的に思うのは危険です。マスクは臭いという化学物質の漏洩などの情報を遮断する恐れがあります。

臭いの遮断という意味では，「香水」も注意しましょう。理系女子（リケジョ）の一般化が進んでいます。女性の中には香水やオーデコロンを漂わせている方もおります。しかし，このような実験には不要な香りも，やはりまた実験者の臭いに対する感受性を低下させます。汗臭いのは本人も周囲も不快です。しかし，それを隠してしまうほどの香水などの香りは実験者を危険にさら

す恐れがあります。香水の使用は控えましょう。

4.3.4　帽　　　　子

　機械の実験や作業では，髪の毛の巻き込み防止のために作業帽をかぶること
が推奨されます。しかし，生物や化学の実験で保護具として帽子をかぶること
はまれです。

　髪の毛は表面積が大きく，いろいろな化学物質を吸着します。その防止のた
めに帽子は有効です。特にワックス系の整髪料を使っている方は，有機物を積
極的に吸着させていると自覚してください。女性の方も，髪の毛はまとめるこ
とを強くお勧めします。化学実験の後には必ず風呂に入り，髪の毛を洗いま
しょう。

　著者は学部学生の化学実験指導後に帰宅する学生さんに，「帰る前に手を洗
えよ」，「うがいをしろよ」，「風呂へ入れよ」，「髪の毛洗えよ」，「また来週」と
歌うように声を掛けます。20 年前は学生さんもこの元ネタ（テレビ番組「8 時
だョ！全員集合」のエンディング）を知っていたので，笑いながらも強く印象
に残すことができました。卒業生から「片桐先生の実験のエンディングで「バ
バンババンバンバン」と踊りながら声をかけられたことを思い出します」と言
われたこともあります。しかし，最近の学生さんは元ネタを知らないので，う
るさがられてしまいます。残念です。

4.4　化学のリスク：危険性

　危険物の取扱いについては，「危険物取扱者」の資格取得のテキストに詳し
く書かれています。ただし，危険物取扱者とその根拠になる「消防法」は，産
業現場での危険物の取扱いを意識しています。特に，大学や研究所では「多品
種少量」なので，指定数量の倍数計算は煩雑になります。また，指定数量以上
の危険物の保管貯蔵には市町村長や都道府県知事の許可を受けた危険物貯蔵庫
の設備を必要とします。各部屋に合法的に保管できる危険物の総量は指定数量
倍数の1/10 です。これはジエチルエーテルのような特殊引火物の場合，わず

か5Lです。

4.4.1　リスクとリターン：反応性＝危険性

化学では，なぜこのような危険性を持つ化学物質を使うのでしょう。可燃物について考えてみましょう。われわれはそのような化学物質を燃料や化学原料として使用します。燃料は燃える物質でなければ燃料になりません。燃料は「化学エネルギー」を持っているから燃料としても利用できます。その一方で火災を引き起こす恐れを持ちます。いろいろな原料化合物も，その潜在的な化学エネルギーを持っているから，反応できる。それにより，目的物の合成に役立ちます。つまり，この危険性はわれわれの利用する化学物質の負の側面といえます。その益と害を切り離せません。

4.4.2　燃焼の三要素

危険性を表す言葉では，爆発性，可燃性，自然発火性などを挙げられます。いずれも「火」にかかわる性質を表します。

火が燃えるためには，三要素を必要とします。まず，可燃物（燃えるもの），酸化剤（火災では空気中の酸素），着火源です。この三つを揃えないと，原則，火はつきません。ただし，酸化反応ではない反応の暴走，例えばアセチレンの重合反応やエポキシドの開環重合反応によるエネルギーの放出は「爆発的」なものです。

また，三要素を複数持つ物質もあります。例えば，多くの自己発火性，自然発火性のものは，可燃物と着火源を兼ねています。火薬は可燃物と酸化剤が共存しています。これらの危険物は，最後の一つの要素（火薬の場合は着火源となるエネルギー）を近づけると燃えたり爆発したりします。

消火をしたければ，三要素のうちの一つを奪います。火災において水をかけるのは，酸素を遮断し，水の気化熱でエネルギーを奪うためです。金属ナトリウムの火災では，水をかけると水素を発生させてしまい可燃物を増やし爆発させるもとになるので，砂をかけます。これにより，空気の対流を抑えて酸化剤

の供給を遮断します。粉消火器はその砂の代わりに粉を使います。また，泡消火器も二酸化炭素の泡で効率的に空気を遮断します。このような酸素を奪うことによる消火を窒息消火と呼びます。

昔，映画で，油田の火災の近傍で火薬を爆発させて消火する話がありました（『ヘルファイター』（1969 年）アメリカ映画）。この消火方法を爆風消火と呼びます。これは，油田の火災をニトログリセリンの爆発でロウソクの火を吹き消すように消火するというものです。このときの爆風は断熱膨張により低温化します。爆発で酸素は消費されており，酸素を含まない気体です。ガス化した可燃物を吹き飛ばしてしまうことが目的なのか，断熱膨張で高温ガス体を急激に膨張させて急激に冷却するのか，それとも「窒息消火」なのか。可燃物を奪うのか，エネルギー（熱源）を奪うのか，酸素を奪うのか，解釈の難しい消火法です。

危険物ではありませんが，ふわふわの綿状のものは大量の空気を含んでおり，燃えやすいものです。火気を使用するところでモヘアのセーターを着ないようにしましょう。特に繊維の細いものは簡単に燃え上がります。同様に，ぼさぼさ頭の髪の毛も容易に着火します。

ある日，いつものようにガラス細工をしていると，何やら焦げ臭いにおいがしました。「おーい！誰か何か焦がしていないか？」と聞きましたが，誰も心当りがありません。しばらくすると，焦げ臭いだけではなく，黒っぽいような灰色っぽいような灰のようなものも降ってきます。ガラス細工の火がどこかに燃え移ったのかと，周りをきょろきょろしてみても，どこにも燃えているような様子がありません。同じ部屋の後輩が私を指差してゲラゲラ笑っています。燃えていたのは私の髪の毛でした。当時の私は身だしなみに無頓着で，ぼさぼさ頭で実験をしていました。その髪の毛に何かの拍子に火がついていたようです。あわてて水道で消火し，やけどなどの被害は免れました。しかし，しばらく研究室の笑い者になりました。「可燃物＋酸化剤＋着火源」はつねに火災の危険を持ちます。

4.4.3　管理された火は火事にあらず

　私の大学時代の指導教授は豪快な方でした。研究室のお茶会などで，自分の学生時代の失敗談をよくお話しになられました。学生時代にオートクレーブを使った加圧密閉化での酸化反応の開発研究のお話を聞きました。これは，圧力鍋爆弾のようなもので，私なら学生さんの研究テーマにできないものですが，昔の大学ではこのような実験がよく行われていました。

　先生は実験棟の廊下の端に，オートクレーブを設置して，それを土嚢で覆い，加熱することを何十回も繰返したそうです。反応は当初まったく進まなかったそうです。何十回目かの反応で，オートクレーブがキーンという音を発し，「これはまずい」と先生が土嚢の影に伏せたところで，轟音を立て爆発したそうです。圧力計がコンクリートの柱に刺さり，周囲のガラス窓はみな飛散したそうです。「その時ボクは，しめた，と思ったよ。爆発したということは，酸化反応が進行したことだからね，うれしくなって（後片付けは後回しにして）祝杯をあげにいったよ」。その直後，指導教授が爆音に驚き何事かとその現場を見に来たら…，爆発の跡があり，圧力計も柱に深々と刺さっているし，実験をやっているはずの学生もいない！と近所の病院を青い顔をして探しまわったそうです。「いやあ，あそこでうれしくなって呑みに行ったのは，失敗だったなあ。あとで目から火が出るほど怒られたよ，ワハハ」…だそうです。

　爆発でも，その可能性を予測して十分な準備を行い，人的な被害がなければ

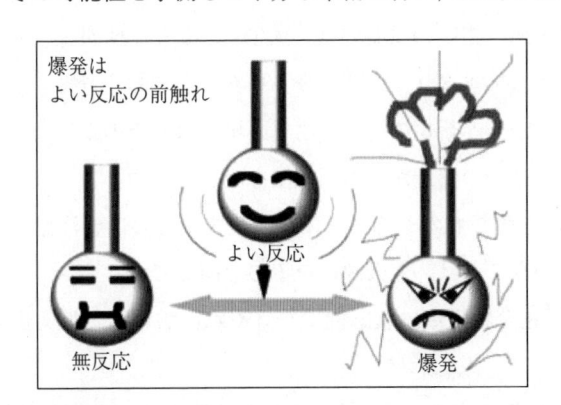

問題ではない，と私も思います。この意見に異論はあるかもしれません。しかし，5 m の火柱でもキャンプファイアーは火事ではありません。逆に 1 m の火柱でも，意図しないものや準備されていない環境なら，立派な火事（ボヤ）です。

　大事なことは，爆発や火災を起こさないことではなく，それに備えることです。爆発や火災を恐れて，挑戦する心を失うことは，研究現場では大きな損失です。

　しかし，研究室の責任者になると，部下や学生さんが危ない爆発をするような実験を企画した場合は，それを全力で止めます。逆説的ですが，そんな実験を企画する人は，だいたい爆発や火災の危険性を認識せずに，あるいは十分な対策をせずに実験に取りかかります。一方，そのような危険性を認識した人は，十分な準備で実験を実施するよりも，実験を行わないことを選びます。うまくいかないものです。

　怖いのは爆発や火災そのものではありません。基礎研究レベルの規模の実験では，万全の準備があれば，被害は回避できます。爆発や火災そのものよりも，本当に怖いのは準備や対策を怠ることです。油断することです。

4.4.4　危険物の見つけ方

　危険物は，大きく可燃物と酸化剤，そして，その両方の性質を兼ね備えたものに分けられます。市販の試薬では，MSDS のような情報源，あるいは試薬のカタログ（例えばアルドリッチ社のカタログ）などの注意書きから危険情報を得られます。しかし，新規の自作の物質の場合は，そのような情報を入手できません。ここではその構造からの類推法を記述します。

① 遷移金属を含むもの：特に粉体，多孔質のものは要注意です。触媒活性を持つということは，着火源になるのと同じです。

② 有機金属化合物：高い反応性で空気や水に触れると燃え出すことがあります。

③ ヘテロ原子間結合を有するもの：過酸化物やニトロ基のように酸素-酸素

結合や酸素–窒素結合を持つものは酸化剤になりえます。

④ 歪みを持つ化合物，3員環，4員環を有するもの：歪みエネルギーの放出の危険があります。

⑤ 過酸化物を作りやすいもの：代表的なものとして THF（テトラヒドロフラン，tetrahydrofuran）を挙げることができます。空気酸化により過酸化物を作ってしまうエーテル類は要注意です。

⑥ ポリマーの原料になりえるもの：二重結合や三重結合の重合により大きなエネルギーを放出できます。

このほかにも，いろいろな物質がいろいろな危険性を持ちますので，普段からその類縁構造を持つ化合物の危険情報を意識してください。

〔1〕**ナトリウム**　　学生からポスドクの8年間で，9回消火器による消火活動を行いました。その経験を買われて，会社では入社2年目にして職場の「消火班長」に抜擢され，操法訓練を受けました。大学時代に経験した9回のボヤは，すべて水に接触したナトリウム（アルカリ金属）による発火でした。皆さんも金属ナトリウムを扱う際には十分に注意してください。以下はその経験の一部です。

（**その1**）　　大学4年生の時に，溶媒の1,4-ジオキサン約500 mL を高度に乾燥（水と酸素の除去）させるため，私は金属ナトリウムをフラスコに入れ，窒素気流下でマグネティックスターラーを用いて攪拌（かくはん）しながらマントルヒーター

アルドリッチ社のカタログ

Cancer Supect Agent	発ガン性	Moisture-Sensitive	水分との反応性
Corrosive	腐食性	Mutagen	変異原性
Explodes when heated	（熱を加えると）爆発性	Nonflammable	不燃性
		Oxidizer	酸化剤
Flammable	可燃性	Pyrophoric	自然発火性
Hygroscopic	吸湿性	Stench	悪　臭
Irritant	刺激性	Teratogen	催奇性
Lachrymator	催涙性	Toxic	毒　性
Light-Sensitive	感光性		

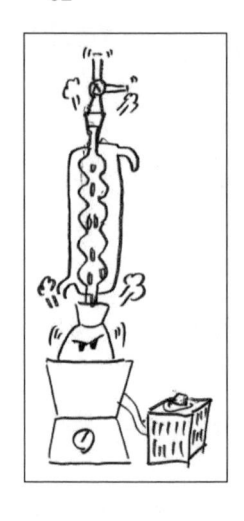

で加熱していました。

　加熱を開始してから30分くらいしたころ，フラスコのナトリウムの表面の光沢は青みがかった灰色からやや鈍い銀色になりました。やがて，金属ナトリウムは溶融し，水銀のような金属光沢を持つ銀色の液体に変化し，それと同時に激しい（水素）ガスの発生が始まりました。加温が速すぎたかな，とマントルヒーターをつないでいたスライダックのつまみを下げたのですが「すでに時遅し」でした。

　かき混ぜられた金属ナトリウムは小さな玉となり，その表面積が広がるにつれて，フラスコの中のガスの発生はますます激しくなりました。その反応熱でフラスコ内のナトリウムの温度はさらに上がりました。また，融けたナトリウムは攪拌され，ますます小さな玉になり，フラスコ内を踊り回っていました。ジオキサン溶媒の還流は激しさを増し，ナスフラスコの上に設置した玉入れ冷却管の最後の玉まで濡れてきました。これはまずい，と思ったその刹那，玉入れ冷却管の上に付けていた三方コックがはずれ，加圧状態から解かれたジオキサンは突沸し，小さなナトリウムの粒とともに玉入れ冷却管の上部からドラフト内だけではなく，ドラフトの開口部から部屋の床にも飛び散りました。一種のボイルオーバー現象です。

　小さな分散ナトリウムの粒は，ドラフト内にこぼれていた水に触れ，ポッとオレンジ色の炎をあげます。それを炭酸消火器でシュッと消します。部屋の隅でポッとオレンジ色の炎があがります。それを炭酸消火器でシュッと消します。今度はまたドラフト内でポッとオレンジ色の炎があがります。炭酸消火器でシュッと消します。ポッ・シュッ，ポッ・シュッ，それをひたすら繰り返していました。夕暮れの実験室で，先輩方の生暖かい視線を浴びながら，いつ発火するかわからない終わりない（？）孤独な戦いは数時間続きました。

　教訓：①金属ナトリウムは水に触れると燃え出します。②金属ナトリウムは融点で突然融けます。③融けた金属ナトリウムはつねに新しい金属表面が

表に出て，溶媒中の水分と激しく反応します。④ 激しく反応すると反応熱が発生し，反応はさらに激しくなり，暴走します。

（その2）　先のジオキサンの金属ナトリウムによる乾燥（水と酸素の除去）で懲りた学生の片桐でした。それでも実験のために，溶媒を徹底的に乾燥させなければなりませんでした。先の金属ナトリウムによる乾燥の失敗は，融点で突然ナトリウムが融けて急激に反応が進み，反応熱により暴走したことでした。それなら「最初から液体状のナトリウムを使えばよい」と考えました。

液体状の金属ナトリウムといえば，水銀アマルガムなどの合金が考えられます。しかし，水銀は高毒性なのであまり使いたくありません。別の研究室の仲のよい同級生と雑談していたら，彼の研究室の先輩がNaK（ナック，ナトリウム–カリウム合金）を使用していることを教わりました。その先輩を紹介してもらい，その先輩からNaKの作り方を習いました。NaKは室温で水銀のような金属光沢を持つ液体でした。

その NaK を用いた溶媒の乾燥はうまくいきました。この NaK の処理法を翌日習う予定でしたので，蒸留の釜残の溶媒と NaK を入れたフラスコは窒素気流下でそのままドラフト内に置いていました。

その翌朝未明，同じ建物の地下の実験室でボヤが発生しました。手元には残っていませんが，事故は京都新聞の夕刊の一面に載っていました。発災者は私に NaK の作り方を教えてくれた方でした。彼はスポイトで NaK をポトポトとエタノール中へ滴下して処分していましたが，突然発火してあわててそのエタノールをこぼし，ズボンに引火させてしまいやけどを負ったそうです。

つぎの日，フラスコの中でギラギラと光る NaK を見ながら，私は「どうしよう」と途方に暮れました。

教訓：① NaK は常温で液体です。水と激しく反応して燃えます。② NaK は最強・最恐，そして最凶の乾燥剤です。③ 新しい試薬を使う時はその処分法まで調べてから使いましょう。

（その3）　私が大学院博士課程のころ，ある日の昼下がり，私はのんびりとコーヒー豆を手回しのミルで引き，その香りを楽しみながらつぎの実験を頭の

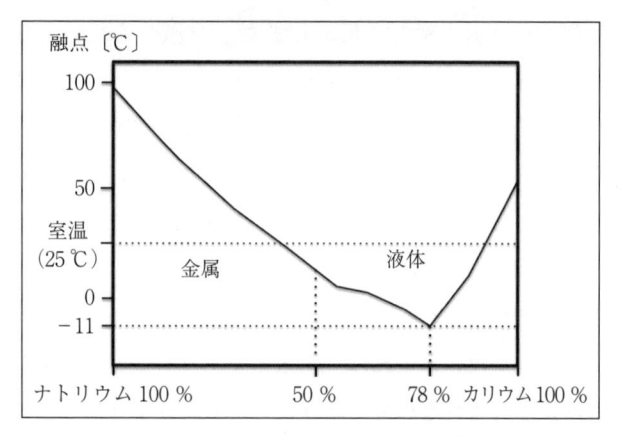

NaK の組成 (カリウムの重量%)[3]

中で計画していました。

　突然，廊下に面した部屋の入口の扉の上の天窓から，窓枠がガラスの破片とともに飛び込み，実験台上のアングルの先端に引っかかり，フラフープのようにガラガラと回りました。扉を見ると廊下側のガラス戸は一面オレンジ色の炎で染まっていました。向いの部屋で爆発が起きたようです。

　あわてて，炭酸消火器を片手に廊下に飛び出し，その発災した部屋の扉を開けようとノブを回しましたが，ノブがびくともしません。扉の向こうでも誰かが必死にドアを開けようとしていました。内開きの扉を蹴破るつもりで「ドケッ！ 蹴破る！」と怒鳴った瞬間，ノブが回り扉を開けることができました。どうやら内側と外側で同時にノブを反対の方向に回していたようです。しかも内側の彼は，内開きの扉を必死に押していました。

　炭酸消火器3本で，火は消えました。火が消えてほっとしている時に，突然後輩が粉消火器を部屋に持ち込み，思いっきり部屋の中を粉まみれにしてくれました。炭酸消火器の消化剤はガスですから，消火後には何も残らず，貴重なサンプルの汚染などの二次被害はほとんどありません。しかし，粉消火器を使うと部屋中ピンクの粉まみれになり，後片付けはたいへんなことになります。

　その後，その向いの部屋で実験していた学生さんたちから聞いた話では，2

Lのフラスコ中に金属ナトリウムワイヤーを入れベンゾフェノン・ケチル法でTHF溶液を乾燥しようと加熱を始めたそうです。THFは沸点66℃なので，沸点でもナトリウムは融けません。

　加熱していると玉入れ冷却管の上に付けていた三方コックがポンと内圧ではずれたそうです。研究室に配属されたばかりの4年生がそれを見つけて付け直しました。しかし，すぐにまたポンとはずれたそうです。そこで，今度は付け直した時に輪ゴムで玉入れ冷却管と三方コックをしっかり固定したそうです。さらにしばらくして今度は三方コックが冷却管ごとポンとはずれ，ナトリウムの入ったフラスコの上に落ちて割れ，冷却管に流していた冷却水がフラスコの中に入り，ナトリウムと反応し…。反応により発生した水素が有機溶媒やナトリウムと一緒に燃え上がり爆発を起こしました。

　なぜ，ポンと飛んだのか，それは三方コックの向きが間違っていたため，フラスコを密閉していたからでした。加熱による体積膨張に加え，乾燥により発生した水素ガスの圧がかかり，三方コックはポンとはずれたようでした。

　発災時，2人の4年生がドラフトで作業をしていたようです。「ポン，カシャン」という音を聞いたT先輩は，フラスコの上で割れる冷却管を見て一瞬で事態を把握し，その2人の4年生の頭を抑えました。そのおかげでその2

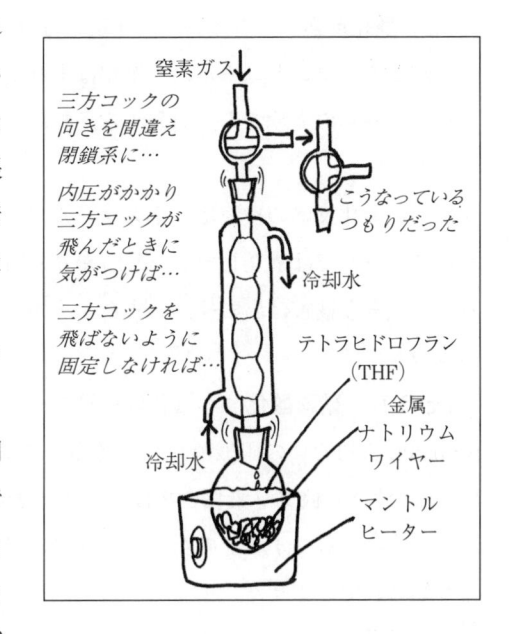

人は炎の直撃を免れました。しかし，その反動でT先輩の上半身は炎の中に突っ込む形になりました。幸いに彼は気道熱傷の怖さを知っていたので，炎の中で息を止めていました。命に別状はなかったのですが，髪の毛や顔の皮はフ

ランべされ，見事なアフロになっていました。

　教訓：① 大量の溶媒の乾燥のための器具の組立ては最大限の注意を要する。コックの向きの過ちすら大事故につながる。② 事故には予兆がある。それに気がつくかどうかは命にかかわる。③ 火災で恐ろしいのは気道熱傷，炎につつまれた時は息を止める。④ 事故発生時にはあわてない。扉の開く向きは憶えておく。

　最近は高度に乾燥済みの有機溶媒が（高価ですが）市販されています。また，グリニャール反応レベルの溶媒乾燥は（時間はかかりますが）モレキュラーシーブで行えます。そのため，ナトリウム×大量の可燃性溶媒，という最凶のタッグは少なくなりました。それでも，ナトリウムの取扱いには最大限の注意をしましょう。

　〔2〕**酸化反応**　　有機物の酸化反応はコントロールされた燃焼や爆発です。したがって，コントロールのたががはずれると，燃焼や爆発を起こします。小さなスケールの実験でも，引火する恐れのない場所で，防爆シールドを設置してください。

　新しい酸化反応の検討は，小スケール（< 10 mmol）から始めましょう。小さいスケールでは爆発しても，しっかりと防爆シールドと保護具で対策していれば，大きな被害は出ません。また，その爆発による火災も消し止められるレベルのものです。

　（その 1）　硝酸酸化　　筆者は有機フッ素化合物（2,3-epoxy-1,1,1-trifluoropropane，TFPO）の硝酸酸化によるトリフルオロ乳酸の合成反応を研究していました[4]。有機フッ素化合物はフッ素原子の強い電子求引効果により，酸化されにくい基質です。そのため，有機フッ素化合物の酸化反応による合成はあまり知られていません。

　硝酸酸化は古くから大規模に行われている酸化反応です。その反応条件によっては二酸化窒素のラジカル的な関与も知られています。硝酸はきわめて強力な酸化剤です。特に，遷移金属イオンの存在下では爆発的な反応を起こします[5]。この反応は二酸化窒素を大量に発生し，さらにこの二酸化窒素は酸化反

応を加速（触媒）する作用を持ちます。私の反応では，事前に「金属銅」を硝酸に触媒量溶かすと，ラジカル反応に特有の誘導期間もなく，室温でも反応は進行します。

この反応のスケールアップを検討していました。0.5 mol スケールの実験では3回ともきれいに反応は進行しました。そこで，1.0 mol にスケールをアップしました。反応開始30分後に研究助手が事務室に飛び込んできました。

「片桐さん，ぐつぐついっています」

実験室に飛び込み，反応器を見ると，3口フラスコの中で反応液は激しく沸騰していました。これはまずい，と滴下ロートをはずして，溶液を冷却槽の水の中にあけようとした瞬間，その溶液は飛び散りました。典型的な硝酸酸化反応の暴走です。スケールアップはフラスコの面積当りの体積を大きくします。それにより発生した熱の冷却効率を下げます。温度上昇により反応は加速され，加速されるほどに熱は発生し…反応は暴走します。特に大きなフラスコはガラスも厚く，熱伝導度の小さなガラス越しの冷却は低効率です。0.5 mol では反応は暴走しませんでした。一方，1.0 mol では再現性よく暴走しました。

つぎの日，私はおしゃれなオレンジ色の水玉模様を顔につけて，出勤しました。満員電車の中，私の周りだけは空いていました。薬傷よりも他人の視線が痛かったことをよく憶えています。

（その2）　**オゾン酸化**　　オゾン酸化は高校の教科書にも記載されている有名な酸化です。その修士課程の学生さんは先輩の残したインストラクション[6]に従い，有機フッ素化合物のオゾン酸化を行っていました。その時，私は同じフロアの会議に参加して不在でした。

がやがやと廊下が騒がしいなと思った時，隣の研究室の助手の先生が「片桐さん，爆発しましたよ」と知らせに来てくれました。過剰量のオゾンで青色を呈した反応液をビーカーに移そうとしたところ，破裂したようでした。爆発音は高い指向性を持ち，ドラフトの後ろ側の会議室にはその破裂音はまったく聞こえませんでした。

実験室レベルのオゾン発生装置からのオゾンの発生量は定量的ではありませ

ん。先輩は「溶液の色が少し青っぽくなる」とノートに記載していました。彼は反応をしっかり完結するために「真っ青になる」までオゾンを入れたようです。

　肉体的，器具的な被害はありませんでした。しかし，実験者は精神的な被害を受け（ビビってしまい），このオゾン酸化は金属触媒による別の酸化プロセスに変更しました。

4.4.5　炭 酸 消 火 器

　消火の経験をお話ししたので，消火器についても少し考えてみましょう。MSDSには，ナトリウムの火災において炭酸消火器は「使ってはならない」と記載されています。確かに，大量の金属ナトリウムそのものの火災で炭酸ガスは反応してしまうため，不適です。しかし，少量（数十グラム）のナトリウムを「着火源」とする，おもに溶媒の燃焼では，炭酸消火器は有効です。炭酸消火器のメリットは

① 窒息消火と冷却を同時に行える。

② 必要に応じて放出を止めることができる。放出はレバーを握っている間だけ。粉消火器や泡消火器はタンクが空になるまで放出を止められない。

③ 後片付け不要。ガスの勢いでものが飛ばされることはあるけども，被害は小さい。粉消火器は，後の片付けが大変である。

④ 周辺の機器を壊したりしない。

⑤ 上記②〜④の理由で，使う時に迷いを生じない。躊躇なく消火に取りかかれる。

です。炭酸消火器の設置は，部屋の大きさにより制限されます。しかし，研究設備での小規模の出火には最適の消火器です。

4.4.6　ガスボンベの保管

　高圧ガスの取扱いは法律で定められた対応・処置を必要とします。法律は生産現場を意識しているために，大学向きではありません。どのように「法を守り」ながら「安全に」，しかも「効率よく」研究・教育活動を行えばよいので

しょうか。

　ガスボンベの量により，高圧ガス保安法の「貯蔵所」の種別が異なります。そして，その設備や義務，届出なども異なります。まず，建物内のガスボンベの種類・最大貯蔵量・置き場所を明確にし，設置届を行い，許可を得なければなりません。そして，届け出た状況を，しっかり守らなければなりません。

　現場でやらなければいけないことは

① 通風，換気のよい，室温 40℃ 以下の場所に置き場所を作る

② 充填ボンベと空ボンベを区分し，別の場所に置く

③ 可燃性ガスや毒性ガスと酸素は区分して置く

④ ボンベ置場（不活性ガス以外）の周囲 2 m 以内は火気厳禁にする

⑤ チェーン等で転倒防止の固定をする

⑥ 古いボンベは適切に処分する

です。犬を飼うのと同じくらいの手間は必要です。しかし，散歩はいりません。

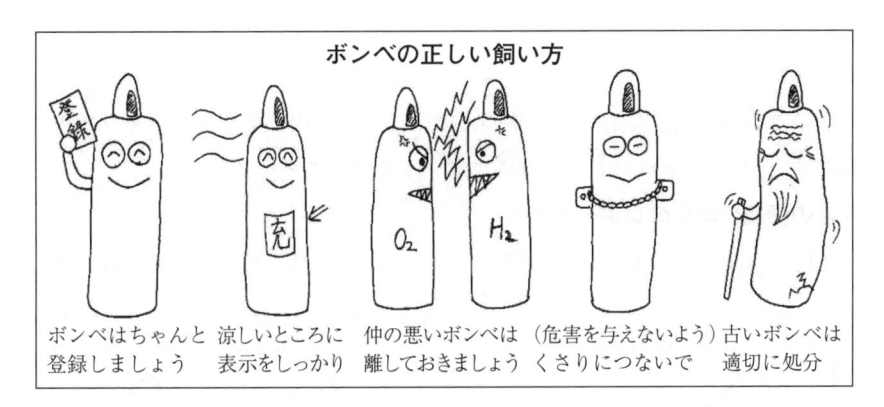

ボンベの正しい飼い方

ボンベはちゃんと　涼しいところに　仲の悪いボンベは　（危害を与えないよう）古いボンベは
登録しましょう　　表示をしっかり　離しておきましょう　くさりにつないで　適切に処分

　ボンベは確実な耐震固定を施してください。もちろん，運搬や使用するときにも，細心の注意をしてください。自分で配管への接続などを行う場合はリークディテクター（専用の石けん水スプレー）を用意しましょう。これらの常識的なことを当然のように守れば，個々のボンベに関して法的な規制には引っかかりません。

　燃焼は可燃物，酸化剤（酸素），着火源の三要素を必要とします。したがって，防火はこの三要素を揃えないように保管し，扱うことです。また，消火はこの三要素のうちの一つを奪うことで達成できます。

　測定装置の進歩により，探査的な研究では小さなスケールでの反応実験を行えるようになりました。そのため，大学の実験室の火災は「大量の可燃物を扱う場合」に限定されます。適切な保護具，適切な対策をとれば，ヒヤリハットはあっても，事故にはなりません。大量の化学薬品である溶媒や乾燥剤，大量の原料調製時には特に注意してください。

　実験は，良い器具を使って，ご安全に。

【この章の課題】

　火災発生後，しばらくして，突然爆発的に燃え上がる現象について（バックドラフトとフラッシュオーバーの違いについて）そのメカニズムを燃焼の三要素をもとに「自分の言葉で」説明せよ。情報源を明示のこと。

● 出題意図

　この課題は危険性における燃焼の三要素についての理解をすすめるための課題です。「バックドラフト」は映画のタイトルにもなっていますね。

● この課題の学生のレポートから

　下図は学生さんのレポートの解説図です。すごくわかりやすいですね（笑）。

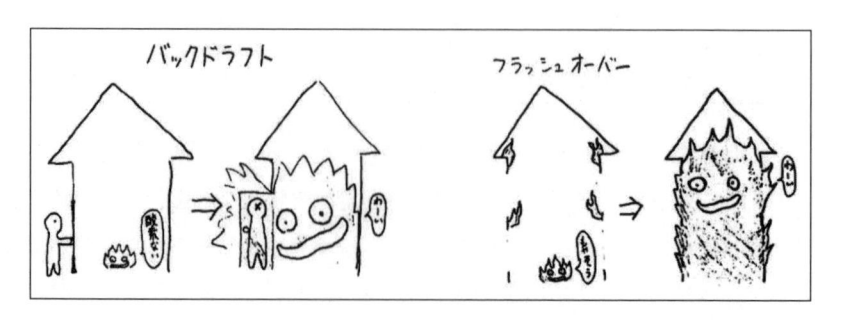

コラム：引火するかしないか

映画『ダイ・ハード2』のラストシーンで，犯人達が逃走するジャンボジェット機が離陸する時に，その燃料タンクから漏れている燃料に主人公が火をつけて，その火がジャンボの燃料に引火し，犯人ごと飛行機を燃やし尽くすシーンがあります。私は以前から「本当かしら？」と思っていました。

この疑問に答える演示実験を大阪大学の山本教授のグループが示してくれました。長さ数 m の透明なアクリルのパイプの中にジエチルエーテルをたらして充満させ，それに下端から着火し，その「火が走る」速度を測定されたそうです。この実験による火の走る速度はおおよそ 10 m/sec だそうです。これは 100 m 走の世界記録レベルで，時速 36 km/h です。一方，ジャンボジェットの離陸速度は 250 ～ 300 km/h です。したがって，『ダイ・ハード2』の主人公のマクレーンはライターで飛び立ってしまったジャンボジェットを落とすことはできないと推測されます。

昔の化学実験ではよく引火しました。私が大学 3 回生の時の実験では，有機溶媒の加熱にも直火を使っていました。有機溶媒の入ったフラスコをつけた水浴をブンゼンバーナーで加熱していました。また，ガラス器具もいまのような共通擦りの密閉性の高いものではなく，亀裂の入った使い古しのコルク栓でしたので，そこから漏れた溶媒蒸気への引火はよくあることでした。そして，エーテルの燃える炎はうす青い炎なので，昼間の明るい実験室ではよくわかりません。「おかしいなあ，エーテルが蒸留されて受

け器にたまらないな」と思っていたら，出てくる端から燃えていたという笑えない話もありました（いや，そのことを指摘された時は，もはや笑うしかありませんでした…）。あの時はバーナー加熱でしたので，輻射熱も強く，エーテルの燃焼にはまったく気づきませんでした。

飛行機は落ちません。
「ざんね～ん！」

化学物質のリスク-2
（有害性）

> **この章の結論**
>
> 毒（有害物）をむやみに恐れてはいけません。毒を正しく定量的に知れば，正しく怖がることができます。そのために，毒に関する正しい基礎知識と信頼できる情報源を身につけましょう。

5.1 有害性とは

有害性とは，その化学物質により健康を損ねるような化学物質の性質です。しかし，有害性を表すことば，「毒」には，触りたくない，近寄りたくないと思う反面，言いようのない興味や魅力を感じます。化学同人から出版されたAnthony T. Tu 先生の『事件からみた毒』（2001 年刊）の帯には，古印体のフォントで「毒に魅せられて」と書かれています[1]。また，一般向けのまじめなものからややあやしいものまで毒物に関する書籍が売られています。これは多くの人が「毒」に興味を持っていることの証拠でしょう[2~8]。

5.2 サリン事件：有害物から身を守るには

日本人の毒物への関心を強くしたのは，あの一連のサリンによる事件でした。

松本サリン事件の時に，著者は企業で医薬品開発に携わっていました。松本への出張の 2 週間後，事件は起きました。著者は先の Tu 先生の連載を愛読していたので，ニュースで流れる被害者の症状や現場の草木の枯れから，「あれはアセチルコリン・エステラーゼ阻害剤，それもタブンやソマンではなくサリンだよ」とコメントしたところ，大当りでした。それで会社の同僚に犯人と疑われてしまいました。

その後，地下鉄サリン事件の時，私は企業から大学への転職の準備を進めていました。虎ノ門の本社から問い合わせがありました。「シアン化メチルの中毒とはどんなものだ」。シアン化メチル？ それは何だ？ 急いでテレビをつけました。ニュース速報でピンと来ました。「アセトニトリルは溶媒で使うくらいだからそんなに毒性はないよ。目が見えにくい？ それはアセチルコリン・エステラーゼ阻害剤だよ。刺激臭がある？ ならきっとサリンだよ」と返答したところ，またまた大当りで疑われてしまいました。「片桐？ あいつ岡山へ高飛びするらしいぜ」といやな噂をさらにされてしまいました。

日本国内でも「毒ガス」をテロに使う時代になりました。私は学生時代にホスゲンで気持ちが悪くなった経験を持ち，先の Tu 先生の雑誌記事の愛読者だったので，おそらく他の人よりも毒に対する情報や対処に関する知識を持っていたと思います。しかし，実際にあの地下鉄サリン事件の現場にいたら，同じように命を落としていたかもしれません。

5.3 情報の重要性

有害物質から身を守るための「予防対策」のうち，最も有効なのは，その有害物に関する情報を持つこと，そして保護具などの物理的な対策を準備することです。実験前の「予習」に勝る予防対策はありません。

有害性と一言でいっても，その吸収（経口，吸入，経皮），その曝露量や吸収量，作用部位（臓器，器官，組織，神経，ほか），作用機序（機構：阻害作用，破壊作用，ほか）などにより，その有害性の発現までに要する時間も，症状も，治療法もさまざまです。

5.4 有害物の侵入経路

有害物の人体への侵入経路は，大きく経口，吸入，経皮に分けられます。

経口吸収は嚥下した有害物を消化器経由で人体に取り込むルートです。意図せぬ事故での致死量の有害物の"経口摂取＝誤飲"は，製造や研究の現場ではまれです。あえていえば，飲酒による急性アルコール中毒を挙げられます。飲

酒時のエタノールの LD_{50}（半数致死量）はおおよそ 7.2 g/kg です。これは体重 1 kg 当りの飲酒量ですから，体重 60 kg の場合は約 430 g のエタノールです。日本酒の度数は 15 〜 19 度ですから，2.2 〜 2.9 L で半数致死量になります。これは一升瓶 1.2 〜 1.6 本分です。同様にウイスキーの度数はおおよそ 45 ％なので，半数致死量は 0.96 L です。普通の（自家用の）お酒の販売単位は半数致死量以下になっているようです。これは先人の知恵でしょうか。

　ガス化して肺を経由して人体に有害物を取り込む吸入は，経口吸収に比べて非常に効率のよい経路です。急性アルコール中毒の場合，トイレなどで吐瀉物から揮発したエタノールを吸入すると，血中アルコール濃度は急激に上昇します。経口吸収に比べより少ない量で中毒を起こし，命を奪います。飲み会で気持ちの悪くなった人を，一人でトイレに行かせてはいけません。必ず付き添うようにして，洋便器に顔をつっこんだ状態で濃厚なアルコール蒸気を吸入したりすることのないようにしてあげてください。

　"皮膚からの有害物の吸収＝経皮吸収" も無視できません。塩素系溶媒やアセトンを手にかけてしまったことのある人は，その部位がひりひりと痛んだ経験を持たれていると思います。特に，少量で命を奪う有害物は，経皮吸収に注意です。前述（4.3.2 項）のようにダートマス大学のヴィッターハーン（Wetterhahn）教授は，ゴム手袋の上に落としてしまったジメチル水銀（神経毒）により命を落としました。また，5.2 節に挙げたサリンの場合は，吸入または経皮吸収により体内に侵入し，神経系の伝達にかかわるアセチルコリン・エステラーゼを阻害し，神経の伝達を遮断しました。サリンは「毒ガス」という名称のため，呼吸により取り込んでしまうと認識されがちです。しかし，実際には経皮吸収によっても体内に侵入します。地下鉄サリン事件では，布手袋でサリンを含むアセトニトリル溶液に触れてしまい，命を落とされた地下鉄の車掌さんもおられます。

5.5　毒と薬は紙一重：曝露量，作用量

　「毒にも薬にもならない」といいます。たいがいの薬は過剰摂取すれば有害

です。薬になるか毒になるかはその摂取量の違いによります。量的なクリテリア（criteria）は大きな個人差，性差，年齢差，既往症や服用薬による差を持ちます。そのクリテリアは作用量，中毒量，致死量という三つの境界線で表現されます。

作用量は，薬としての効果の発現に必要な最小量を表す境界線です。これより少量であれば，文字通り毒にも薬にもなりません。中毒量は有害性の発現する最小量を表す境界線です（**図 5.1**）。薬は，この作用量と中毒量の間になるように処方されます。作用量は少量で中毒量は大量になる医薬品は「安全な薬」と呼べます。逆に，作用量と中毒量の領域の狭い薬は，コントロールしにくい，難しい薬といえます。そして，これよりも大量に摂取すると死に至る量を致死量と呼びます。経口摂取の場合は体重当りの LD_{50} のような数値で表現されます。

これらの有害物の境界線は体重当りの摂取量で表現します。しかし，実際に重要なのは体内の濃度になります。アルコールを吸引した場合に飲用した場合に比べて少量で急性アルコール中毒にかかり，あるいは命を落とすのは，経口摂取に比べて血中アルコール濃度の急激な上昇を引き起こすからです。一方，注射のためのアルコール消毒薬の経皮吸収で酔っぱらう人はほとんどいません。

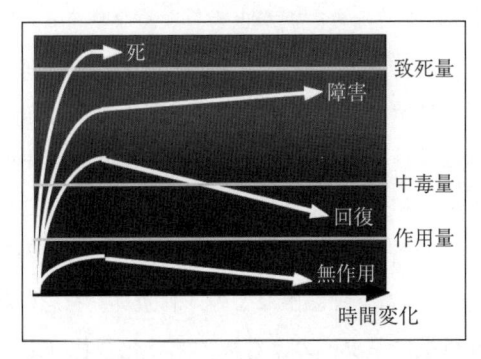

図 5.1 有害性に関して考慮すべき事項（作用量）

5.6　有害物の作用部位と作用機序

　有害物の作用部位はその薬理的な作用機序にかかわります。大きく，刺激性（催涙性，悪臭），腐食性，毒性（実質への有害性，血液への有害性，神経への有害性，催奇性），変異原性（発ガン性）などに分けられます。

5.6.1　刺　　激　　性

　刺激性については，それだけでは命にかかわるものではありません。しかし，催涙性は視界を妨げ，行動不能にしてしまいます。また，悪臭も肉体への直接的被害はなくても，精神を痛めつけます。

　私の指導学生のＫ君は，臭化ベンジルの「催涙性」で文字通り「痛い目」を見ました。やや寒いその日は 11 時から避難訓練の予定であったために，Ｋ君は少し焦っていました。10 時半ごろに臭化ベンジル誘導体を使用する実験を終了し，ガラス器具を解体し，洗い桶に入れました。本来はこの洗い桶をドラフト（局所排気設備）の中に 1 時間ほど放置してから洗剤を使って水洗いします。しかし，彼は避難訓練まで 15 分くらいしかないので，その洗い桶を流しに持ち込み，湯沸かし器からの熱めのお湯で満たしたそうです。おそらく瞬時に揮発した臭化ベンジル誘導体を鼻呼吸で吸い込み，Ｋ君は目に強烈な痛みを感じ，目を開けられなくなり，涙が止まらなくなりました。幸いに，彼は複数人で実験を行っていたため，助けてもらいながら医務室に移動できました。お医者様は避難訓練に参加していたために，看護師に対応していただきました。この時の主訴は「目の痛み」だったので，看護師は洗眼のみを行いました。そのため，痛みの治まるまでには時間を要しました。この場合は，涙腺を通しての目の痛みなので，鼻腔内の洗浄も必要だったと思われます。

　悪臭というと，アンモニアや塩酸などの「刺激臭」を思い浮かべると思います。しかし，それ以上にキツイのは有機イオウ化合物（スルフィド，チオール）やプロピオン酸やイソ酪酸などの短鎖カルボン酸類，有機セレン化合物，有機テルル化合物などのくさい臭いです。特に，有機カルボン酸は木製の設備

や体にしみ込み，いつまでも臭うため，精神的にダメージを受けます。昔のドラフトの扉部は木製の木枠だったため，イソ酪酸をこぼしてしまうと，しっかり拭き取っても，1ヶ月以上悪臭を放ち続け，その部屋の住人に精神的なダメージを与え続けました。

私は4回生の時に原料化合物の合成のためにセレン酸化を行っていました。この酸化ではどうしても少量の有機セレン化合物を副生し，それは白衣や衣類や髪や身体にまとわりつきました。自分でも臭うのですから，周りの人には不快だったと思います。セレン臭を「片桐臭」と表現されてしまうと…，いかに対人ストレス耐性の高い私でも精神的にへこみます。

5.6.2 腐　食　性

腐食性としては，その代表として，硫酸や硝酸を挙げられます。

硫酸，特に濃硫酸は強力な脱水剤なので，ひどいやけどを起こします。だからといって希硫酸も油断できません。硫酸は不揮発性ですから，水の揮発により高濃度の硫酸に変わっていきます。

学生時代，実験室の木製座面の私の椅子の上に少量の液体をこぼされていました。後でこれは希硫酸だとわかったのですが，意識せずに座ってしまいました。その夜になってお尻に100円玉サイズの赤い腫れを生じました。また，ズボンのその場所の繊維はぼろぼろになり，穴になりました。

硝酸は酸化性が強い液体で，皮膚に触れるとキサントプロテイン反応を起こし，皮膚を黄色からオレンジ色に変色させ，その後角質化して，脱落します。

前述（4.4.4項〔2〕）のように，私は有機物の硝酸酸化を研究していました。スケールアップを検討していた時に，暴走反応により吹き上げた液滴状の濃硝酸を顔に浴びました。幸いに安全メガネをしており，タオルターバンをしていたので，目を含め，大きな障害を負わずにすみました。しかし，顔一面に浴びた硝酸により，オレンジ色の水玉模様の薬傷を顔に負ってしまいました。翌朝，混雑するあの埼京線で，ぎゅうぎゅう詰めの車内でなぜか私の周りには数十センチの隙間が空きました。後から乗り込んでくる乗客はこの隙間に入り込

むのですが，私の顔を見るとぎょっとした表情を浮かべ，すぐに隙間は復活しました。確かに顔面のオレンジ色の水玉模様は不気味です。薬傷そのものよりも周りの視線が痛い，文字通り「電車痛勤」でした。数日で皮膚は角質化しはがれ落ち，今度はピンクの水玉になりました。2週間ほどで目立たなくなりました。

5.6.3　毒　　　　　性

　毒性には細胞を破壊する有害性，血液の酸素機能を阻害する有害性，神経伝達を阻害する有害性，DNA や RNA 情報の転写を阻害する有害性など，生体の正常な機能を阻害するものです。

　細胞を破壊する有害性というのは，細胞膜を壊してしまうタイプの毒です。ハブ毒やマムシ毒はタンパク質分解酵素などの作用により筋肉組織を壊します。

　血液の酸素機能を阻害する有害性というのは，赤血球のヘム鉄に不可逆的に付加して酸素運搬を阻害するものです。シアン化物（青酸）や一酸化炭素は酸素よりも強力にヘム鉄に配位して，酸素の運搬を阻害します。

　神経伝達にはいろいろなプロセスがあります。有害物の攻撃点はおもに二つあります。神経細胞間のシナプスでのアセチルコリンを介する情報伝達と，神経細胞内のイオンチャンネルによる電位差による情報伝達です。これらの二つの作用を阻害する有害物は多数知られています。先に出てきたサリンは，アセチルコリンという細胞間の神経伝達物質の再生を阻害することにより情報の伝達を止めます。これにより心臓などの臓器を動かす情報を遮断してしまいます。フグ毒で有名なテトロドトキシンは，神経細胞内の電位差を作るイオンチャンネルを阻害することにより，神経伝達情報を遮断します。

　DNA や RNA 情報の転写を阻害する有害性としては，化学兵器として用いられているマスタードガスのようなびらん性の毒ガスを挙げられます。マスタードガスの成分は細胞の DNA 塩基を不可逆的にアルキル化してしまいます。これにより細胞複製は阻害されます。このような DNA のアルキル化剤は発ガン

性を持ちます。

　上記のような「毒」と認識されている化学物質以外でも，多くの化学物質は大なり小なり有害性を持ちます。例えば，有機化学でよく使われるハロゲン化アルキルも DNA のアルキル化剤として働きます。同様の作用はエポキシ化合物，例えばエチレンオキシドにもあります。エチレンオキシドのこの作用を利用して，医療現場では殺菌や殺ウイルスに用いられます。置換基として電子求引性基を持つエポキシ化合物は特に求核剤（この場合は DNA 塩基）との高い反応性を持ち，効率よく DNA をアルキル化します。

　著者はこれまでに，いろいろな毒物を「経験」してきました。

　青酸ガスは独特の臭い（アーモンド臭）を持ちます。実験中の漏えい時に私は感知できました。しかし，その時，同じ部屋にいるほかの人にはほとんど感知できなかったそうです。臭いの感受性は個人差の大きなものです。青酸ガスの発生する恐れのある実験で，よくいわれるアーモンド臭に頼るのは危険です。父から聞いた話では，青酸ガスはタバコの「味」へ影響するそうです。そのため，昭和 20 〜 30 年代の実験室では，青酸の発生する可能性のある実験中にタバコを吸うことを推奨していたそうです。これは眉唾です。タバコは着火源にもなりますから，青酸ガスの感知手段として有機化学実験室での喫煙の正当化に利用してはいけません。

　四塩化炭素は肝臓での代謝によりラジカルを発生させ，肝臓を攻撃します。1999 年の特定フロンの禁止以降はほとんど見かけなくなりました。それ以前は赤外吸収測定分光装置の NaCl 板や KBr 板の洗浄用溶媒としてよく使われていました。また，擦り合わせガラス器具に使用したグリスの拭取りにも多用されました。学生のころ（1982 年ころ）私は真空ラインでの作業をよく行い，その真空グリスの除去に，四塩化炭素をじゃぶじゃぶと使っていました。すると，献血結果の肝機能にかかわる数値（GTP）の値が一気に基準値の 3 倍になりました。その後，四塩化炭素をやめてヘキサンに変えたところ，肝機能数値はほぼ元の値に戻りました。

　そのほかにもホスゲンを嗅いで，数日間ぼっとしたこともありました。で

も，死にませんでした。若さとその回復力はありがたいものです。

　その後 40 歳になる直前にアクロレインを吸ってしまいました。これは学生さんの予習不足で，沸点を確認せずに（アクリルアミドと同じ程度だろうと思い込んで）アクロレインを減圧蒸留しようとしたら，すべて気化し，そのポンプの出口が運悪く私の顔のほうを向いていた，というものでした。この時はかなり体調を崩し，肝機能の数値にも長く影響しました。その後，魚のアレルギーやぜんそくも出ました。アクロレインとそのオリゴマーはペプチドとシッフ塩基を作り，それがアレルゲンとなるそうです。その後，大好きなサバの味噌煮やサゴシやサワラを食べられなくなりました。

5.7　人工毒・天然毒

　もし，ここにサリンとフグ毒を並べたら，どちらのほうが「怖い」でしょうか。ほとんどの人は，「サリン」と答えると思います。しかし，単純に急性毒性の LD_{50} で比較すると，フグ毒のほうがサリンよりも 10^2 倍近く強い毒です。この怖さと実際の有害性の乖離は，先に述べたスロビックの 11 因子により「天然物よりも人工物は 10^3 倍危険に感じる」という心理学的な実験結果で理解できます。

　フグの刺身は，試験を経て免許を持つ専門の調理師により安全に捌かれているのですから，もちろん安全なものです。しかし，内臓を包む薄皮 1 枚でこのような毒物と隔てられているフグ身の刺身を食べることには，若干の抵抗を感じます。「河豚は食いたし命は惜しし」（ことわざ）です。しかし，フグ刺しやフグちりはとてもおいしいものですね。特に鍋の後のフグ雑炊を食べるころには，このような毒性の存在は頭の中から飛んでいってしまいます。

　豆腐や納豆のイソフラボンは，大豆にしてみれば食べられたくないので，自分を食べる動物を不妊化することを狙った，女性ホルモン様生理活性を持つ物質です。したがって，「環境ホルモン」と同様の作用機序による発ガン性を持ちます。そのため食品安全委員会は一日当りのサプリとしての摂取目安を 30 mg と定めています。一方，その女性ホルモン様の作用ゆえに，骨粗鬆症や女

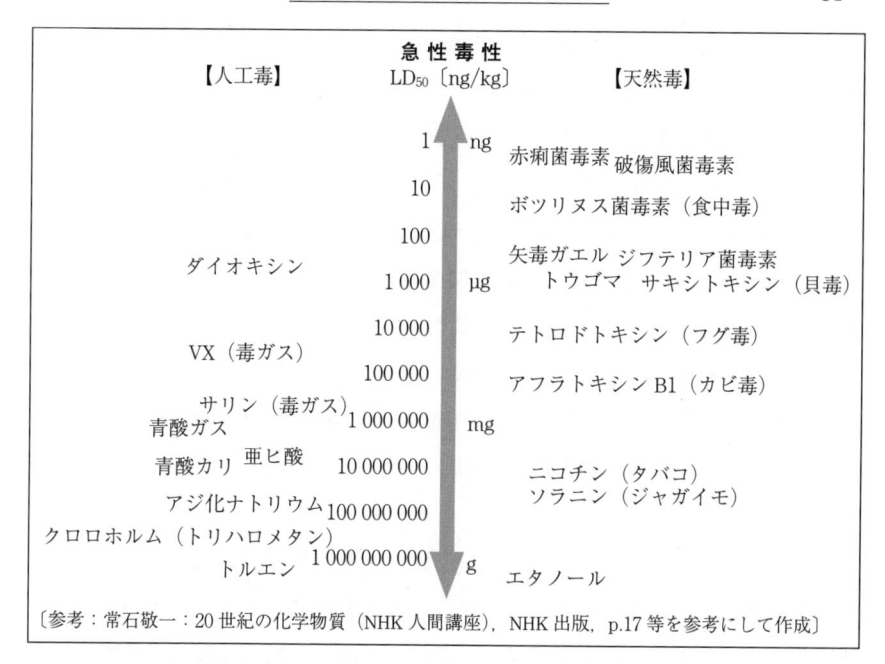

〔参考：常石敬一：20世紀の化学物質（NHK人間講座），NHK出版，p.17等を参考にして作成〕

性の更年期障害の予防に有効であると思われます。

　有害物を「有害物だから」といってむやみに恐れる必要はありません。そのような化学物質は腐った肉やカビの生えたパンと同じように扱えばよいのです。口に入れない，吸い込まない，素手で扱わない，扱った後はすぐに手を石けんでよく洗えばよいのです。しかし，化学実験などで扱う物質は純粋で濃い状況で大量に扱うので，安全のためにはそれに適した準備と対応を必要とします。口に入らないようにする，吸い込まないようにする，素手で触れないようにする，扱った後はすぐに手を石けんでよく洗うことです。

　有害物，毒物を怖がる時は，定量的に怖がるようにしましょう。

5.8　有害性に関する情報源

　扱う有害物の有害性に関する情報源は多種類あります。しかし，定量的で信頼性の高いものはあまりありません。

　その中でも法律は比較的信頼できるものです。有害性に関する法律として，

「薬事法」，「毒物及び劇物取締法」を挙げられます。そのほかにも「麻薬及び向精神薬取締法」，「覚せい剤取締法」，「大麻取締法」，「あへん法」などのドラッグ関係の法律を挙げることができます。毒ガス関連では「化学兵器の禁止及び特定物質の規制等に関する法律」，「サリン等による人身被害の防止に関する法律」を挙げられます。さらに，産業化学物質のための「高圧ガス保安法」，「化学物質の審査及び製造物の規制に関する法律（化審法）」，「特定化学物質の環境への排出量の把握等及び管理の改善の促進に関する法律（PRTR 法）」でも有害性物質を扱っています。さらに，「労働安全衛生法」関連の「特定化学物質障害予防規則（特化則）」，「有機溶剤中毒予防規則（有機則）」，「鉛中毒予防規則」，「四アルキル鉛中毒予防規則」，「粉じん障害防止規則」，「石綿障害予防規則」を挙げられます。

　環境への有害性として「ダイオキシン類対策特別措置法」，「特定物質の規制等によるオゾン層の保護に関する法律」，「特定製品に係るフロン類の回収及び破壊の実施の確保等に関する法律」，「環境基本法」，「地球温暖化対策の推進に関する法律」，「大気汚染防止法」，「水質汚濁防止法」，「土壌汚染対策法」，「悪臭防止法」，「下水道法」，「廃棄物の処理及び清掃に関する法律」，「ポリ塩化ビフェニル廃棄物の適正な処理の推進に関する特別処置法」，「ダイオキシン類対策特別措置法」などを挙げられます。

　これらの多数の法律とそれに付随する法律により，有害性のある化学物質は具体的に挙げられています。しかし，その法律の関係省庁（厚生労働省，環境省，ほか）により，極端な場合は使用されている名称も省庁で異なるため，非常にわかりにくくなっています。できれば，化合物名だけでも統一し，その法的に規制監視すべき化学物質の一覧表を作成してほしいものです。

　また，法律はその厳密な運用のために，対象となる化合物の構造を厳密に定めています。さらに，有害性の発見から，法の施行までのタイムラグもあり，実際には有害な物質のすべてを対象にできていません。

　試薬会社の有害性に関する情報も，有効な情報源です。特に海外の試薬会社の製品は，法律だけではなく実際の毒性とその可能性に則った表示を行ってい

ます。

　しかし，試薬会社の表示も完璧ではありません。以前，トリホスゲンという
ホスゲンの代替物質の有害性の表示について問題になりました。当時，トリホ
スゲンには「吸湿性，水との反応性」の表示しかありませんでした。しかし，
この化合物は水と反応することにより，毒ガスであるホスゲンを発生します。
そのため，十分な危険性に関する表示をなしていないとクレームされました[9]。

　既存の化学物質情報では，新規の物質の有害性を推し量れません。また，そ
の作用機序から推察できるものの範囲も，それほど広くありません。残るは化
学の常識です。

　具体的な有害性の制定のための構造指針として

① 遷移金属を含むもの：重金属は基本的に有害であると考えましょう。特
　に，水銀（Hg）やカドミウム（Cd）は公害病の原因として知られていま
　す。クロム（Cr）は価数によりその有害性は大きく異なります（VI 価ク
　ロムは高い有害性を持ちます）。

② ニクトゲン，カルコゲンを含むもの：ニクトゲンは周期表で窒素の下に
　ある元素（P，As，Sb）です。カルコゲンは酸素の下にある元素（S，
　Se，Te）です。ヒ素（As）の有害性はよく知られています。セレン（Se）
　は毒の枢機卿と呼ばれています。

③ シアノ（CN）を含むもの：シアノ基を持つ有機物は加水分解などにより
　青酸を放出する可能性を持ちます。DDQ（2,3-ジクロロ-5,6-ジシアノ-p-
　ベンゾキノン）は水と反応して，HCN を放出します。

④ 炭素数が奇数のもの：生体内の分解代謝で一酸化炭素（CO）を出す恐れ
　を持ちます。一方，アミノ酸類の中には炭素数奇数のものが多数ありま
　す。エタノールに比してメタノールは高い毒性を持ちます。

⑤ カルボン酸：生体のあちらこちらに親和性を持ちます。膜組織に取り込
　まれます。ギ酸を皮膚に付けるとケロイドになります。

⑥ 芳香族：DNA などに作用します。特に，塩素を持つものは代謝されにく
　く，生体内に長期間の悪影響を与えます。

⑦ 生理活性物質に類似構造のもの：いろいろな代謝を邪魔する恐れを持ちます。その例としてフルオロ酢酸を挙げられます。

　もちろん，これらの構造を持つものはすべて有害物質ではありません。あるいはすべての有害物がこのどれかにあてはまるわけでもありません。しかし，そのような構造の化合物は疑ってかかるほうがよい，ということです。

　また，生体への作用からも推察できます。

① 組織破壊・刺激性・炎症誘発：触ると痛い，傍らにいると痒い，目が痛むなどの症状を感じます。

② 神経毒・生体情報伝達阻害・生体作用阻害：気分が悪い，嫌な臭い，めまい，しびれ，息苦しさを感じます。

③ アレルギー・発ガン・変異源性・催奇性・遺伝毒性：甘い香り，きれいな色を持つものには要注意です。

　もちろん，これらの症状と有害性の関係は 1：1 ではありません。しかし，そのような症状や物性のものは疑ってかかるほうがよい，ということです。

コラム：セベソの悲劇から

　専門外の方でもダイオキシンという有害物の名前は，一度は聞かれたことがあると思います。特に，2,3,7,8-テトラクロロダイオキシン（TCDF）は最強の人工毒といわれています。

TCDF

　環境中に大量のダイオキシンが放出された事故例として，1976 年の「セベソの悲劇」はよく知られています。イタリアのセベソという町の工場の火災により，大量のダイオキシンが環境中にばらまかれ，風に乗って町に降り注ぎました。犬がばたばたと倒れ死に，人々は恐怖しました。しかし，本当の悲劇はその後でした。

　当時，その町にいた多くの妊産婦は胎児への障害の恐れから堕胎術を受

けました。多くの命の種は失われてしまいました。しかし，その胎児の検査では，明らかな異常は見つからなかったそうです。また，その後に産まれてきた子供の障害率に有意な上昇は見られなかったそうです。本当に恐ろしいのは，ダイオキシンに恐怖する人の心なのかもしれません。

2004 年にウクライナ大統領選の野党側の候補者ユシチェンコ氏はダイオキシンで暗殺されかけました。塩素痤瘡で青黒く変色した氏の顔写真は，ニュースで世界中に広がり，ダイオキシンの恐ろしさを広く宣伝しました。

日本の「所沢ダイオキシン騒動」という出来事は風評被害を招きました。「ゴミ焼却場のそばの畑の野菜がダイオキシンに汚染されている」というテレビ報道により，周囲の農家は風評被害にさらされました。その風評被害に対する裁判では，報道内容は事実ではないと認定されました。しかし，この騒動をきっかけにして，ゴミ等の小規模焼却処分設備はなくなりました。

その恐ろしさ故に，ダイオキシンは大きな社会的影響力を持ちます。しかし，これまでに報告されている死亡事故例はわずか 1 件 4 名のみです。また，セベソの悲劇でも，犬はばたばたと死んだのに，人は一人も亡くなりませんでした。ダイオキシンの毒性は生物種により大きく異なります。おそらく，人は犬よりもダイオキシンに対して強い生き物なのでしょう。

ダイオキシンの毒性，有害性は疑う余地のないものです。しかし，それ以上に怖いのは，それを必要以上に怖がり冷静さを失ってしまう人の心ではないかと思います。確かに，ダイオキシンはスロビックの 11 因子の多くを満たします。そのため，必要以上に人を怖がらせるのではないかと思います。

5.9 番外編：う歯（ムシ歯）予防のフッ素塗布について

5.9.1 化学物質の名称

私は有機フッ素化学を専門としています。そのため，「フッ素」という単語には敏感に反応します。子供のムシ歯予防のために小学校などの集団で「フッ素塗布」を歯科医によりされます。「フッ素」を歯に塗ると表面が硬くなり，ムシ歯になりにくくなるというものです。しかし，私はこの「フッ素塗布」ということばを許せません。あれは「フッ化物塗布」と呼ぶべきです。「フッ素」

という元素や単体の名称ではなく，正確に「フッ化物塩」と表現すべきです。

八王子の歯科医で，フッ化物塩とフッ化水素酸を取り違えたことによる死亡事故がありました。歯科医院で歯に塗るフッ化物塩を薬品屋さんに注文する際に「フッ素」と院内の通称を用いてしまいました。薬品屋はその「フッ素」を，入れ歯の加工に使うフッ化水素酸と勘違いしてしまいました。そして，納品されたフッ化水素酸をフッ化ナトリウムと勘違いしたまま塗布してしまい，女児が亡くなってしまったという痛ましい事故でした。

化学物質の名称を「ローカルネーム」で呼ぶことは厳に慎むべきです。正しい名称，フルネームで呼ばなければなりません。これは化学物質の危険性・有害性を超えて化学物質を取り扱う者の矜持であると思います。

学会で学生が発表する際に，塩化メチレン＝ジクロロメタンを「塩（エン）メチ」とか「メチクロ」と呼ぶことを，自分の研究室の学生には絶対に許しません。また，他の研究室の学生でもそのように呼ぶのを聞くと，にがにがしく感じます。

塩化メチレンを「エンメチ」と略するような符丁を使うことに，どのようなメリットがあるのでしょうか。言葉を減らすと口が疲れない，というのは子供もだませない屁理屈です。もともとの符丁の目的は，その場にいる他者にその話の内容をわからせないようにすることです。でも，学会などの公表の場でそのように他人にわざわざわからなくする理由はありません。また，狭い内輪の共通言語を使うことにより，内輪意識，所属意識を持つことのメリットもあります。でも，符丁を使えば通じる範囲での連帯感は得られても，その境界をわざわざ明示してしまい世間は狭くなります。結局，符丁を使うのは，「先生が使っているから」とか「先輩が使っているから」というような，あるいは「なんかカッコイイから」というレベルの話ではないかと思います。化学物質名をむやみに略するような研究室文化は百害あって一利なしです。

5.9.2　塗布するべきかせざるべきか

「化合物名を正しく呼ぶべき」という立場では，歯科医の行う「フッ素塗布」

という名称は許しがたいのですが，「フッ化物塩塗布」は一般的ではありません。しかたなく，やむをえず，意に反して，以下では「フッ素塗布」と呼びます。イヤダナア。

さて，う歯（ムシ歯）予防の「フッ素塗布」はそんなに有害でしょうか。歯科医や学校で行う子供へのフッ素塗布そのものの危険性（これも有害性と呼ぶべきです）について Web 検索をすると，多くの危険性の主張を見つけます。このような Web 上で，フッ素塗布に反対する人の中には，反応性のまったく異なる「フッ化物塩」と「単体のフッ素」を混同し，あたかもフッ化物塩も高い反応性（酸化能力）を持つ，危険なもののように記載していることがあります。引っかけられないようにしてください。人体に必須元素である水素，窒素，炭素でも，組合せによっては猛毒の青酸になります。多くのフッ化物塩は「強い有害性」を有するものではありません。

フッ素という「元素」は，もともと体の中にないものですから，それを積極的に入れることで，ムシ歯予防という益もあるが，害もあるのは当然でしょう。結局，その益と害を秤にかけて，益が多ければ使えばよいし，害が大きければ使わなければよいという話です。

う歯（ムシ歯）はこじらせると命にかかわる病気です。その意味でう歯予防が QOL（quality of life）の向上に大きく役立つことは否めません。一方，フッ化物の害については，その可能性を否定できません。ここで否定していないから肯定しているとは理解しないでください。「まだわからない」を含めた「可能性を否定できない」です。ですから，子供の歯のケアを十分にしてあげられるお母さんなら，子供の歯へフッ化物を塗ることを拒否するのは当然の権利です。一方，十分なケアのできない親御さんの場合に，ケアはしないが拒否するのは，子供の QOL を下げること，一種の虐待になってしまいます。そして，社会全体から見たら，まだフッ化物を塗ったほうが益が多いようです。

十分な歯のケアを行っている子供に，無理矢理にでもフッ素塗布をすることは間違っています。しかし，このような害と益の十分な理解のないまま，あるいは十分な歯のケアを行わないままに「フッ素（フッ化物）塗布は有害だ」と

する書籍や資料を流布すること，それを鵜呑みにして何が何でもフッ化物の塗布を悪と決めつけ，ケアが不十分な子供の親を巻き込んで，フッ素塗布に反対するのもまた間違っています。薬になるものは必ず毒にもなります。それを正しく学ぶことが親御さん一人ひとりに求められています。

5.9.3　フッ化物の毒性

海外ではう歯予防のために，水道水にフッ化物を入れることがあります。これに対しても反対派はおられます。そのような方々の主張する，水道水に入れるレベルでの“フッ化物の引き起こす有害性＝多くの場合は神経症状”については，私の知る限り，スタンリー・キューブリック監督の『博士の異常な愛情』というコメディ（？）映画で述べられているものにたどり着きます。この映画は「ソ連がアメリカ人の精神と神経を破壊するために，水道にフッ素を入れている」という妄想に取り付かれた戦略爆撃の司令官がソ連に核爆弾を落とさせる，というものです。それを真に受け，その映画を根拠に低濃度フッ化物による神経症状について述べられる方も見られます。しかし，私の勉強不足でしょうか，信頼性のある（有意差検定をクリアした）科学的なソース（論文）は存じません。

「フッ素」の危険性については，「フッ化水素（HF）」の有害性が知られています。これは近年の半導体産業の進歩によりケイ素のエッチングに使われるフッ化水素酸の死亡事故例によります。また，このようなフッ化水素酸による事故は海外のテレビドラマ『ER』でも題材にされたそうです。

私もフッ化水素酸のアミン塩を処分しなくてはならないことがあり，ニトリル手袋を装着し扱いました。もちろん，作業を丁寧に行ったつもりでも試薬廃棄だったので，やはりいい加減なところもあったのでしょう，翌日から指先，特に爪の間がひりひりと痛みました。

さて，歯に塗布する量や濃度のフッ化物塩での急

性毒性は考えにくいものです。学童のフッ化ナトリウム NaF の最小中毒量は 5 mg/kg と見積もられています[10]。ムシ歯予防のために給食に添付する際，間違えて大量（予定の 100 倍）に与えたために，嘔吐，下痢，腹痛の症状が見られたそうです。では，慢性毒性はどうでしょうか。飲料水中に 1.0 ppm 以上のフッ化物を含む地域の子供が 15 歳くらいまで飲用し続けると，「斑状歯」という歯のエナメル質の異常を起こすことがあるそうです。しかし，この斑状歯ではう歯になりにくいことから，逆にフッ素塗布が生まれました。中国の広州市で 1965 年から水道水をフッ素化したところ，1976 年の調査でう歯は 63.9 ％から 27.5 ％に減りましたが，斑状歯が 1.1 ％から 47.2 ％に増えたそうです[11]。

　結局，親御さんがしっかりとした歯のケアを行えば，フッ化物を水道水へ積極的に入れ，フッ素塗布を行う必要はない，ということのようです。でも，フッ素を含まない歯磨き粉をスーパーで見つけることも難しいようです。フッ素を含まない歯磨き粉を選択肢として選べるようにするべきではないかと，個人的には思います。

　この地球上に存在するすべての「もの」は化学物質です。天然物でも人工物でもです。それぞれ特有の危険性の存在を意識してください。そして，化学物質のトラブルを誘発するのは多くの場合，人間の知識不足，油断，ミスであることを心してください。

【この章の課題】

　メチルイソシアネート（CH_3NCO）の有害性について，その事故例も含めて簡潔にまとめよ。

　必ず参考文献を正しく記載すること。その文献から得た情報を明示すること。その「文献の信頼性」を評価の基準とします。ヒント：ボパールの悲劇。

　参考文献として，Web 情報は不可とします。Web は文献検索のみに使用し，必ず紙の文献にあたること。

● **出題意図**

　課題はボパールの悲劇の事故の凄惨さに目が向かいがちです。この課題ではその有害性の記述を求めます。また，定量性にも着目します。

　また，この事故による死亡者数は情報源により 1 754 〜 14 410 人と大きな幅があります。この幅は直接的な死者に限るのか関連死まで含めるのか，調査者が誰か，などで異なるようです。

　いずれにせよ，この事故の原因を学ぶことは，このような事故の再発防止のために大事なことではないかと思います。

6 電気電子の安全

この章の結論

　電気は便利なエネルギー源です。研究設備のほとんどのエネルギー源は電気です。電気は現代社会を支えています。だから研究者は皆，電気の安全を意識し理解しなければなりません。電気は取扱いを誤ると感電します。火災の原因にもなります。家電とは異なり，多くの実験機器には最小限の安全装置しかありません。電気は正しく使うために，正しく扱う知識と情報を持たなければなりません。

　この章の結論は，電気関係の事故は（1）まず「感電」です。感電は人体に大きなダメージを与えます。感電の防止は通電部分に触らないこと，漏電を防止することです。（2）つぎに，漏電や過電流による「火災」です。これも防止できるインシデントです。防止できるのに防止しないのは，設備的なものも含めて人間の怠慢です。（3）その他にも電磁波のリスクは否定されていませんが，肯定もされていません。これは今後の課題でしょう。

6.1 関西電気保安協会の CM

　「関西電気保安協会」という組織のテレビコマーシャルをご覧になったことはあるでしょうか。今回の内容に深く関係しています。放送は関西圏だけですけれど，Web（YouTube）上にいくつか収録されています[1]。検索してみてください。あの笑いのノリは関西圏に独特のものでしょう。また，関東電気保安協会のシュッとしたイメージに対して，あの「かんさい〜でんきほ〜あんきょうかい」という関西お笑い風の発音・音階・リズム・イントネーションも独特で…力が抜けます。一作一作にはあたりはずれはあっても，笑いをとれて，印象深く，短くてもためになるテレビ CM です。安全工学の講義を行う者として，この CM に嫉妬します。

　「保安チョップ！保安キック！」

6.2 感電の思い出

　著者の小中学生のころは電気少年でした。小学校のころは『子供の科学』，中学のころは『初歩のラジオ』や『CQ』という雑誌を見て，真空管ラジオなどを自作していました。電気電子の道へ進みたいと思っていました。そこで，勉強して，小学校5年生で電話級アマチュア無線技師の免許を取得しました。でも，小中高と同じクラスに電気の「できる」奴がいました。奴には勝てない。きっと世間にはあんな奴がごろごろいるんだろう，と電気の道を断念しました。

　当時，私が自作した真空管ラジオは100Vの電源につないで動作させるものでした。自作ラジオは箱の中に閉じ込めた形ではなく，シャーシーに前面パネルだけで，むき出しの端子を露出したような形のものでした。暗い部屋で電源を入れると，トランスが「ブーン」とうなり，真空管のヒーターがオレンジ色に輝きはじめ，やがてラジオの音声をスピーカーから流します。そんな雰囲気が大好きでした。

　ある日，ラジオがうまく動きませんでした。見るとトランスにハンダ付けしたはずのコードが1本はずれていました。何気なく手に取って，くっついているべきトランスの端子に接触させた時に，…感電しました。手指の筋肉がこわばり，つかんだコードを離せませんでした。本当に「死ぬかと思った」経験でした。

6.3 感電について

　感電は，人体に電流が流れてショックを受ける，肉体の組織を破壊する現象です。その人体への影響の大きさは，電圧と電流によります。低電流でも高電圧ではショックにより神経系に影響します。低電圧での大電流では身体という

抵抗における大きなジュール熱によるやけどを起こします。

　感電事故は，私の例のような実験者の不注意による場合と，電気設備の不備による場合があります。洗濯機などのアースライン（緑色のコード）は指示に従いしっかり接続しましょう。

　感電の人体への影響は被災者の体質，年齢，性別，状態によって異なります。以下は一般的にいわれる電圧に関するものです。

> 10 V：全身水中では電位傾度 10 V/m が限界
>
> 12 V：自動車（自家用車）バッテリー
>
> 20 V：濡れた手で安全な限界
>
> 24 V：自動車（トラック等大型車）バッテリー
>
> 30 V：乾いた手で安全な限界
>
> 48 V：次世代電気自動車バッテリー
>
> 50 V：生命に危険のない限界
>
> 100 ～ 200 V：危険度が急に増大
>
> ～ 400 V：ハイブリッド車駆動電源

商用電源 100 V は，「危険度が急に増大」の領域に入っているため，その誤用は大変危険です。また，人によっては 42 V を「死にボルト」と呼ぶそうです。

　…こうして見ると，あの時は本当に死にかけたようです。

6.4　感電対策・処置

　感電対策は，なによりも防止対策です。電気の流れていない電線や端子は触っても感電しません。電気機器の修理などの作業は，必ず元電源を止めてから行いましょう。作業中は「命札」を掛けて，他者による誤通電を防ぎましょう。

　ただし，大容量のコンデンサなどを装着している機器や，二次電池などを持つ機器は，元電源を止めても未放電の電気で感電することがあります。危険です。必ず放電を確認してから取り扱いましょう。

　感電した人を見つけたら，救助しなければなりません。その時はまず，何よりも先に電源を切り，救助時の二次災害の発生を防ぎましょう。電線事故のよ

命札の例

うに電源を切ることのできないような場合は，竹竿など
の絶縁体を用いて，電線などを被災者から離し，救助し
ましょう。当たり前ですが，カーボンロッドや金属の棒
などの導体を使ってはいけません。電圧，電流にもより
ますが，多くの場合はゴム靴やゴム手袋や軍手程度では
危険です。

　　　感電の被災者は，電気ショックによる心臓や呼吸の停
止が懸念されます。人工呼吸や心臓マッサージをできるように習得しておきま
しょう。また，感電によるやけどは通常のやけどと異なります。損傷部位が深
く命にかかわる場合が多く危険です。電気によるやけどは目に見えるやけど痕
が小さくても，必ず医療機関へ搬送し，治療を受けましょう。

6.5 電　気　火　災

　電気は「エネルギー」です。抵抗を通すとそのエネルギーの一部は熱に変換
されます。大きな熱エネルギーは火災のもとです。したがって，熱は，その抵
抗の一番大きな場所で発生します。

　コンセントの差し込み口は，金属間の接触で通電させます。そのため，タッ
プの金属や差し込み口の金属の油分などの汚れにより，抵抗を持ちやすい場所
です。そのような接触不良や接触に難のあるコンセントは発熱します。最近，
よく知られるようになったコンセントのトラッキング現象の原因は，そこに積
もったホコリだけではなく，このコンセント特有の発熱とそれによるコンセン
ト周りの絶縁部のプラスチックの "熱変成＝炭化" です。

　たこ足配線は，そのようなコンセントの集合体ですから，熱を持ちやすく危
険です。それに加え，「これくらいはいけるかな？」，「まだいけるかな？」と
装置の接続を事故発生まで繰返すため，その大元のコンセントの定格容量を超
えた接続（たこ足配線）を誘発しやすく，電気コードに過大な電流を流すこと
になります。そのような電気タップでの「黒ひげ危機一髪ゲーム」は慎みま
しょう。

同様に電源コードも，その中が断線し，通電できる導線の量が少なくなっている部分で発熱します。床を這う電気コードの危険は，それに引っかかることだけではなく，その踏みつけによる部分断線による発熱もあります。床を這っている電源コードを椅子のキャスターなどで轢いてしまうと，中の導線がほぐれ，断線し，電気抵抗箇所を生みます。これは床面に固定しても，トラテープを貼ってもその上から轢いてしまうと防げません。恒久的な床の電気コードは強固なプラスチックカバーなどで覆う，あるいは床下配線にしましょう。

6.6 アースとその過信の危険

家電でも漏電を起こしやすい機器，例えば洗濯機や食器洗浄機などのような水を使う機器では，アースを必ず取り付けましょう。

実験室のアースは少し難しくなります。特に，三相 220 V のうちの 2 本を二相 110 V として使用している電源系のアースラインは特殊です。しっかりとした工事であればアース端子を使用することで，問題はありません。しかし，配線に間違いがあればアースラインで感電することもあります。

2007 年の耐震改修に伴う研究室の引越しの直後に，私の研究室のドラフトに設置されている電源にアースラインを含んだ 3 口プラグで接続したマグネティックスターラーの破損が多発しました。いつもスターラーの整流ダイオードが融け落ちて断線し，壊れていました。

電気パーツ屋で買ってきたダイオードでスターラーを修理しても，3 口プラグをそのままつなぐと，すぐに同じ壊れ方をしました。一方，アダプターで 2 口にするとスターラーは壊れません。あまりに頻繁に壊れるのでなにか原因があると思い，テスターでドラフト電源の電圧を計りました。すると，電源ライン（2 口）の間の電圧は規格通り 110 V でした。しかし，アースラインと電源の片方のラインの間の電圧は 220 V を示しました。正しく接続されていれば，アースラインと電源間の電圧は 110 V になるはずです。ドラフトの配電盤のところで，接続間違いが見つかりました。ドラフト設置業者の電気配線ミスでした。

本当かどうか確認できていませんが，その修理を行った設置業者さんの言い訳では，「ドラフトが外国製で国内の電気の規格とコードの色が異なっていたため間違えた」そうです。よく漏電や感電しなかったものです。コワイコワイ。

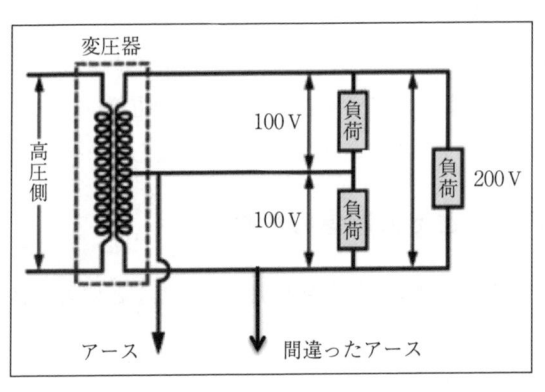

電源関係はプロでもまれに配線ミスをします。まして，なんの知識もない者が不用意に結線すると大きな事故のもとになります。餅は餅屋です。少なくとも交流電源は電気の専門家に任せなければなりません。

6.7　通　電　火　災

　阪神大震災では，建物が崩れた後に火災が起こり，多くの方が亡くなりました。この火災の多くは「通電火災」ではないかといわれています。通電火災とは，地震により倒れたストーブなどの加熱器具に，停電後に電気が復旧した時に加熱が始まりこれが着火源になる火災です。最近は，ほとんどの電気ストーブなどに，倒れた時に通電しなくなる安全装置が取り付けられており，また多くの避難マニュアルに地震後に避難する時は配電盤のブレーカーを切るように書かれています。

　このような通電火災は，地震の時だけではありません。何らかの理由でいったん切れた加熱器具が再度通電した場合に起こりえます。理化学機器の中にはコンピューター制御で加熱を制御するものがあります。使用後に電源を落としたつもりでもまだ動いていたりすると，危険です。実験機器は使用後に必ずコンセントをはずしましょう。

6.8　安全装置の過信：実験器具のリスク

　クーゲルロール蒸留装置という化学の定温加熱実験装置があります。少し昔のこの装置のヒーターは，その時点の炉内の温度よりも低い温度に設定して動かすと，どんどん上がってしまうことがありました。温度制御装置の暴走です。蒸留実験を仕込んで装置の前を離れることは事故のもとです。そのような加熱を伴う実験では，温度制御機構をむやみに信じ込まずに，装置のそばに控えているべきです。

　理化学機器の多くはその電気回路に家電のような安全装置は付いていません。その制御回路や機構を理解すれば，そのもろさ，危なさを理解できます。

　誤って短絡（ショート）を起こすと，一瞬スパークしますが，すぐに配電盤の漏電ブレーカーが作用し，それ以上の通電を阻止します。これは配電盤の漏電ブレーカーの働きです。しかし，スライダックをかませて，その二次側で短絡が発生すると，ブレーカーは必ずしも落ちません。たいへん危険です。

　スライダックはヒーターなどの加熱に際して，電圧を調整する装置です。一次側に 100 V を流し，上のつまみで電圧を指定すると，二次側にその電圧がかかります。装置は簡単な構造ですが，それ自身に安全装置は付いていません。特に，二次側の端子に銅の撚り線を固定する時，はみ出したひげのような細線が逆側の端子に接触する事故が起こります。だいたいの場合ぱちぱちとショートに伴う音で気が付きますが，たまにスライダックに高電流が流れ，煙をあげることがあります。

　このような事故を防ぐために，銅線を撚るだけではなくそれをハンダで固める，あるいは圧着端子で銅線をアルミの端子に固定して使用してください。しつこいですが，理化学機器の，特に基本的な機器には安全装置が付いていません。安全装置を付けると，その汎用性が阻害されます。特に，電気関係の理化学機器には安全装置は付いていないと考えて，実験を行ってください。

　学生時代に学生実験で定電位電源を用いた電気化学測定実験をしていました。長髪にしていた同級生（男）は先生に注意され，三つ編みにしていました。彼が振り向いた時に，装置の電極にその髪が引っかかり，電極が短絡し，パンという破裂音とともに，定電圧電源装置が煙をあげました。担当の先生は高価な機器がおしゃかになり，泣いていました。

　電気を使用する機器は，電気電子の学科や研究室だけでなく，理系のあらゆる研究室にあります。他人ごとと思わずに，配慮できるようにしてください。先生を泣かせないでね。

【この章の課題】

　「今後講義で取り上げてもらいたい，電気関係の危険について」，あるいは「本講義では取り上げなかった電気関係の危険について」記述せよ。その危険について調査し分析し，対策について記述せよ。

● 出題意図

　電気関係の大きな危険は感電と火災ですが，それ以外にもいろいろな危険があります。それを掘り起こすことで電気の危険のバリエーションを意識してもらいます。

● この課題の学生のレポートから

　その他の危険として，電磁波による発ガン性の問題が注目されています。

コラム：電磁波による発ガンの可能性について

「今後講義で取り上げてもらいたい，電気関係の危険について」という課題を出したところ，「高圧線の下に住むと白血病になるというのは本当か」，「携帯電話を使用していると脳腫瘍になるというのは本当か」，「電子レンジで加工した食品の残存電波による発ガン性は本当か」という質問が出てきました。

『かびのつま』[2] というマンガは，近くで電子レンジを使用すると体調を崩してしまう奥さんとその旦那さんの苦労話です。このマンガのように極端に電磁波の影響を受ける例は希でしょう。でも，人間の神経は電位差を利用して細胞内での信号を伝えるのですから，電磁波の影響を受ける可能性を持ちます。電子レンジで加工すると食品に発ガン性が付与されるというのはさすがにオカルトっぽいですが，高圧線の下の白血病や携帯電話による脳腫瘍の話はまじめな議論になっています。

「携帯電話の電磁波による DNA への悪影響で脳腫瘍になる」という説は，スマホ中毒世代の大学生には切実な問題なのでしょうね。これについては2011 年に『携帯電話と発がんについての国立がん研究センターの見解』[3] が発表されています。結論からいえば，「発がん性が疑われる」レベルに分類されるそうです。すなわち，コーヒーや漬け物程度の発ガン性を疑われる，ということだそうです。海外で行われた統計的研究では，携帯電話を1 日 1～4 時間以上使うと，脳腫瘍の発生率は 3.77 倍になるということだそうです。しかし，国内では（1 日当り 25 分以下の使用で）そのような増加を疑う研究結果はないそうです。結論としては，携帯電話による脳腫瘍の増加はまだよくわからない。しかし，20 歳以下の者は影響を受けやすいので使いすぎないほうがよい。1 日 25 分までにするべきである，ということでしょうか。

それに，最近のスマホを「携帯電話」として使用している人はむしろ少数派で，タブレットのように頭から離して使っているので，「脳」への影響はあまり心配しなくてもよさそうです。

東京電力のホームページ[4] では，送電線の影響による発ガンの可能性を否定的に扱っています。ただし，その Web ページでは電磁波について「ダイオキシンやアスベストのような化学物質とは違い，体内に取り込まれ蓄積することはありません」と記載しています。蓄積はされないけど，「影響はない」ともいっていません。そしてなにより「安全です」とは断定していません。そこは正直なところではないかと思います。

7 機械・回転体の安全

> **この章の結論**
>
> 　機械のもたらす危険の多くは「回転体」の危険です。特に，動力を持つ回転体は巻き込まれると命にかかわります。安全確保の三原則を意識しましょう。本章ではそのような機械の代表として，工具と工作機器を取り上げ，その危険と危険防止策を扱います。
>
> 　しかし，この安全の三原則もシステムの巨大化により必ずしも最善であるとはいえなくなりつつあります。ルーチンではない TPO に応じた安全工学が求められています。

7.1　機 械 の 力

　機械は非力な人間の力を補い，高度化させます。徒歩による移動速度は 5 km/h 程度ですが，自転車を用いれば 3 〜 4 倍に高められます。さらに，動力を持つバイクや自動車は，人力の自転車のさらに数倍 〜 数十倍の速度での移動を可能にします。しかし，自動車事故の被害を挙げるまでもなく，機械は強い力を持ち，その誤用や暴走は重大事故に直結します。そのため，機械分野の安全対策は古くからよく検討され，長い歴史を持ち，体系的かつ網羅的です。安全工学の基礎は機械の安全から生まれてきました。

　しかし，近年，機械システムは複雑化かつ大規模化し，そのためその全体の機構を理解している使用者は希です。そのようなブラックボックスを使いこなすためには，その要素要素，部分部分の安全機構と対策を学ばなければなりません。一番基礎的かつプリミティブな機械システムは，工作道具です。工作道具もまた，人間の手の能力を格段に強くします。それを正しく使用するノウハウを身につければ，その組合せである複雑なシステムの運転において考慮すべ

き事項も理解できます。

7.2　安全確保の三原則

特に機械については，安全確保のための三原則を理解しなければなりません。

① 本質的安全の原則：危険源がなければ安全である

② 停止の原則：機械は止まっていれば安全である

③ 隔離の原則：人間がそばに寄らなければ安全である

機械そのものの作用に危険がなければ，安全ですし，止まっている機械は安全です。そして，危険性のある機械でも，その作用範囲内に人が立ち入らなければ，安全です。逆に，安全的に不備を持つ装置を動かしたまま，人が接近すれば，事故のリスクを生じます。

7.2.1　安全確保の三原則の穴 -1：映画『新幹線大爆破』

先に述べた機械の安全では安全確保の三原則のうち，停止の原則は一番お手軽な対応手段です。特に，鉄道などの公共交通機関では，危険に対して「止める」ことにより対応します。動かない機械は危険源ではなくなるということですね。

これを逆手にとったのが，1975 年の東映映画『新幹線大爆破』です。犯人役の高倉 健をなぜか悪役に思えなかったのをよく憶えています。

この映画では，「新幹線に時速 80 km/h を下回ると爆発するという爆弾が仕掛けられた」という状況で，新幹線を止めずに博多駅到着までの限られた時間の中で，爆弾を処理しようとするストーリーです。当時の「国鉄」の職員が，なんとかして新幹線を止めないようにダイヤを工夫し（ここでは他の新幹線をすべて止めるという停止の原則が適用されています），警察が仕掛けられた爆弾を除去するために赤外線カメラで車体を撮影し，除去の努力をし（本質的安全の原則），運転手や車掌はパニックとなった車内の人たちをなだめる（新幹線には非常コックがあり，もし乗客がそれを作動させると列車は停止し爆弾は

破裂する）, そんな人間模様が描かれていました。

　関門海峡よりも先で止めると, 被害が大きいという政治的な判断（隔離の原則）により, さらに状況は緊迫し, 警察と犯人のぎりぎりの交渉が繰り広げられ…。画像的には古い（40 年前の映画です）のですが, 優れた脚本の日本映画です。ぜひ探して見てください。鉄道ネタだけに脱線してしまいました。

7.2.2　安全確保の三原則の穴 -2：小田急沿線火災の車両への引火

　現実に, 停止の原則が大きな二次災害を引き起こしかけた事例が 2017 年 9 月 10 日に起こりました。午後 4 時頃に渋谷区の小田急小田原線の沿線の火災が, 消火活動のために停止した電車の車両屋根に燃え移るという事故です。幸いにけが人は発生しませんでしたが, 一歩間違えればたいへんな鉄道火災事故になる恐れがありました。

　この火災事故では, 沿線火災の消火活動のために消防士の指示に従い警察官が踏切の緊急停止ボタンを押したところ, 電車が運悪く火災現場の真横で停止してしまい, 安全運行の確認作業中に電車の屋根の断熱材であるウレタン樹脂に引火してしまったというものでした。停止の原則が裏目に出たケースです。停止の原則は「原則」であり, TPO によってはより大きな被害をまねきかねないことを示す事例です。ルーチンではなく TPO に応じて最善策を講じなければなりません。

7.3　機械実験の保護具, 服装スタイル

　機械実験の服装は, その実験や TPO に応じてアレンジしてください。頭の保護（必要ならヘルメット）, 切削屑などからの目の保護のための安全メガネやフェイスマスク, 機械に巻き込まれない作業着やつなぎなどの服装, 革靴や運動靴, 必要なら安全靴の着用が望ましいでしょう。サンダルは不可です。

　軍手や革手袋などの手の保護を必要とする作業もあります。一方, 巻込みが怖いので, ドリルなどの回転体を扱うときは軍手は着用してはいけません。

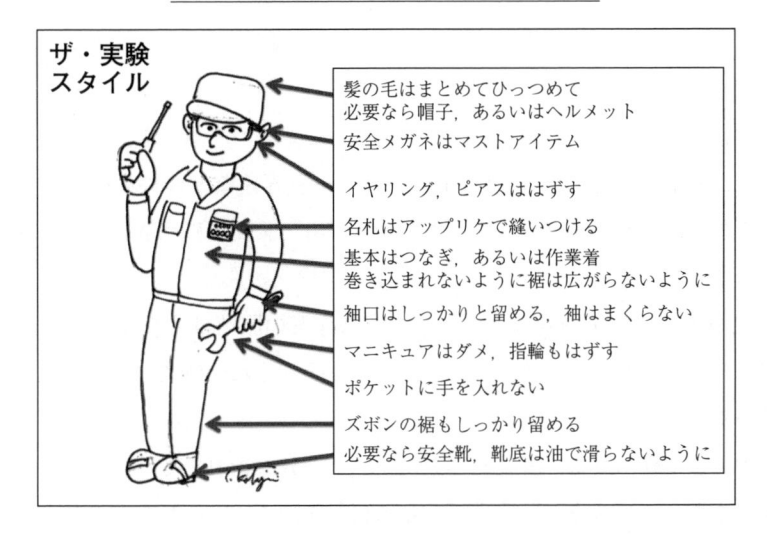

ザ・実験スタイル

- 髪の毛はまとめてひっつめて
  必要なら帽子，あるいはヘルメット
- 安全メガネはマストアイテム
- イヤリング，ピアスははずす
- 名札はアップリケで縫いつける
- 基本はつなぎ，あるいは作業着
  巻き込まれないように裾は広がらないように
- 袖口はしっかりと留める，袖はまくらない
- マニキュアはダメ，指輪もはずす
- ポケットに手を入れない
- ズボンの裾もしっかり留める
- 必要なら安全靴，靴底は油で滑らないように

コラム：指差呼称

　指差呼称は，駅のホームで車掌さんや駅員さんが行っている安全確認のための動作です。「ヨシ！」と大きな声を出し，自分の行った作業を確認することには大きな意味があります。家の中でもガスレンジを止めたあとに「消火，ヨシ！」，アイロンを使ったあとにコンセントを抜いて「アイロン，ヨシ！」，あるいは戸締りの際に「鍵，ヨシ！」と指差呼称を行えば，あとで「そういえば火を消したっけ？」，「アイロンを止めたっけ？」，「鍵を締めたっけ？」という不安を起こさなくなります。見落しや勘違いを防止する有効な手段です。

　私は38歳になってから自動車の免許をとるために教習所に通いました。その運転教習の際に指差呼称を活用しました。「前方ヨシ！」，「信号ヨシ！」，「右ヨシ！」，「左ヨシ！」，あるいは標識を指して「制限速度40キロ，ヨシ！」といった指差呼称は，最初は教習所の教官からニヤニヤされました。しかし，私の安全確認の状況を把握してもらえ，安全確認については一度も問題ありとか不十分とかの指摘をされませんでした。おかげで，AT限定ですが，補助教習券なしで卒業することができました。この年齢では普通10枚くらい補助教習券を必要とするそうです。少し自慢です。これから免許をとられる方は，だまされたと思って試してみてください。「安全運転，ヨシ！」

　アーク溶接やガス溶接などの溶接作業やガス切断のときは，紫外線を遮ることのできる遮光面を付け，感電ややけどを防止するために革手袋を着け，厚手の燃えにくい素材の作業着を着用し，前掛け，足カバーを装着してください。

　また，騒音の大きな作業ではイヤーカバーや耳栓などの対策をとりましょう。その時その時のダメージは小さく見えても，長期的には難聴などの障害を引き起こします。

　上記のように作業内容などに応じて実験作業の服装は異なります。TPO に応じて最適の服装を選びましょう。詳しくはそれぞれの作業や工具の使用上の注意を参照してください。

　一番大事な保護具は，操作や作業について十分な指導を受け，熟知することです。すなわち，教育により獲得する情報と知識です。そして，作業中には五感をフルに働かせてわずかな機械の変調（音，煙，臭い，熱，振動）を感じ取る取材力です。さらに，5S により作業環境を整えることも大事です。また，必要な保険などの経済的な被害に備えることも重要です。

　なにか異常を感じたら，停止の原則に従い，作業を中断しすぐに機械を止めて，指導者や装置の専門家の指示をあおぐことです。

7.4　作　業　の　安　全

7.4.1　工　　　　　具

　まず，工具の名前を憶えましょう。他人と作業する時に工具の名前を憶えていないと，意思の疎通ができません。作業効率を下げます。「あの挟む道具をとって」といわれても，ペンチなのか，プライヤーなのか，レンチなのか，万力なのか，わかりません。

　動力の付いていない一般工具もその取扱いには注意を必要とします。以下に一般的な諸注意をまとめます。

　① 工具は丁寧に扱いましょう。

　② 作業に適したものを選んで使いましょう。類似の工具や適切な大きさではない工具で代用しないように。特にドライバーはネジの溝の大きさに合

わせて最適のものを選びましょう。間違った大きさのものはネジの頭を潰します。

③ 欠けたりゆるんだりしている道具は修理して使用しましょう。修理できないものは躊躇なく捨てましょう。

④ 工具は整理して保管しましょう。

⑤ 工具の使用時には安全メガネを着けましょう。

以下に，代表的な工具の使用上の注意を記載します。

〔1〕ハンマー

・ハンマー（金槌）の使用時には手袋をしないように。手が滑ると危険です。

・ハンマーの頭が欠けていたり，まくれや傷があるものは使わないように。

・ハンマーの柄に割れがあるものは使わないように。柄と頭の間にゆるみがないかを確認してから使うようにしてください。くさびがしっかりと固定していることを確認してから使用してください。ハンマーヘッドがすっぽ抜けると大きな事故につながります。

・油などの付着していないことを確認してから使いましょう。

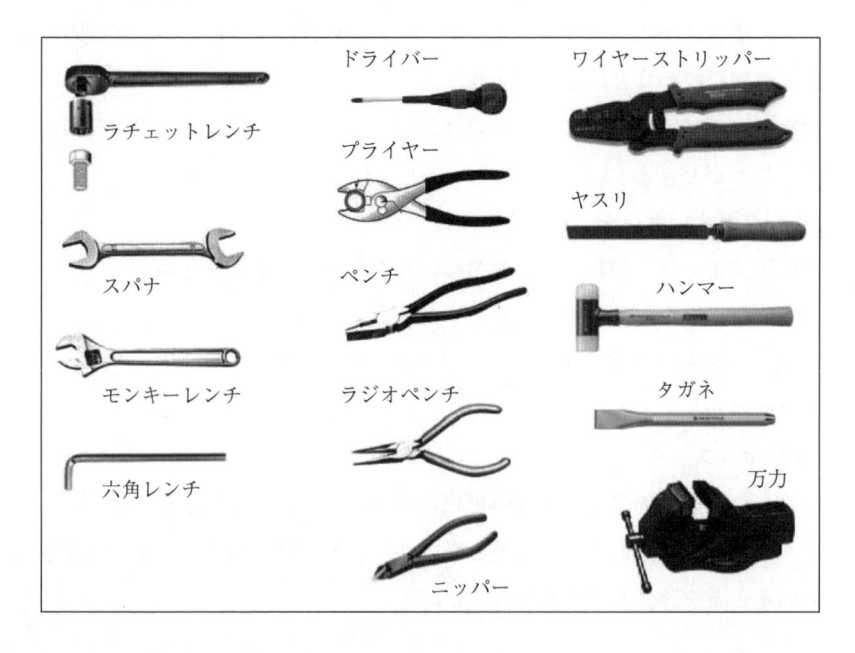

・作業に応じた重さのものを使用してください。自分の能力以上の重さのものを使用しないこと。

〔2〕**スパナ・レンチ**

・顎が開きすぎているものは使わないように。傷，割れ，まくれ，摩耗しているものは使わないように。

・ナットサイズに合ったものを使用しましょう。大は小を兼ねません。ナットヘッドの角がなめってしまいます。特に，モンキーレンチの調節では注意してください。

・持ち手に油などの付着していないことを確認してください。

〔3〕**ドライバー**

・欠けていないものを用いること。安価なものは欠けやすいので要注意です。

・ネジの溝に合ったものを使用すること。大は小を兼ねません。ネジ山がなめってしまうと，取返しがつきません。ちょっとしためんどくさがりが，大きな面倒を生みます。

・持ち手に油などの付着していないことを確認してから使いましょう。

・ネジの締付けが緩いとガタつきます。強く締め付けすぎるとネジが破断します。適切な締め具合にしましょう。

・複数のネジで固定されているものは，☒（ます）締めにより，均等に締め付けることができます。

〔4〕**タガネ・ポンチ**

・頭に傷，まくれ，割れ，曲がりのないものを使用してください。

・刃先に摩耗のないものを使用してください。

・使用時の刃先の角度に注意してください（軟鉄は 60°，銅は 70° など，最適な角度があります）。

〔5〕**ヤ ス リ**

・削るものをよく固定し，作業中ビビらせないようにしましょう。

・ヤスリ本体に傷があるものは使わないこと。ヤスリが柄にしっかり固定されていることを確認してから使うこと。

・切りくずを吹き飛ばさないこと。切り子が目に入らないように防塵メガネを使用すること。

7.4.2 工 作 機 器

多くの工作機器は回転体なので，それに起因する危険性を持ちます。通常の回転体には挟まれや巻き込み防止のためのカバーを掛けてあります。しかし，工作機器はその操作上の理由でカバーは最小限に限られています。それゆえ，危険であると強く意識して使わなければなりません。

① 原則として手袋はダメ。特にボール盤，旋盤では厳禁です。

② 作業服は袖口や裾の閉じているものを着用すること。手ぬぐいなど巻き込まれる恐れのあるものをぶら下げないように。

③ 切りくずや粉塵の発生する作業では保護メガネ，マスクを着用すること。

④ 金属粉は可燃物なので，防火対策をとり，消火器などを用意して作業すること。特に，アルミやマグネシウム系の切りくずは保管に注意すること。自然発火することがあります。

⑤ 機器や特にハンドルに過剰の油を塗ると滑りやすくて危険です。

⑥ 回転部分に手や顔を近づけないこと（隔離の原則）。

⑦ 工作物や工具の取付けや取外し，寸法のチェックなどを行うときは，機械（回転部）が完全に止まっていることを確認してから行うこと（停止の原則）。

⑧ 切削屑の除去は回転部が完全に止まってから，ハケなどを用いて行うこと。素手では触らないこと。

⑨ 作業直後の切削屑は高温なので，取扱いに注意すること。

以下に代表的な工作機器の使用上の注意を記載します。

〔1〕旋　　　盤

・すべてのスイッチが切れていることを確認してから主電源を入れること。主電源を入れたら突然回転するような事態は避けること。

・作業前に点検・注油すること。

・始動時の音，運転時の音に注意すること。

・工作物の取付けは確実に行うこと。芯は確実にしっかり出すこと。

・チャックハンドルをはずし忘れないこと。

・主軸回転数や送り速度をしっかり設定してから装置を動かすこと。

・工作物が大きいと，チャックが外側に出るので，引っかけないように注意すること。また，チャックが切削屑を巻き上げやすいので注意する。

・飛び出したチャックは巻き込み事故を起こしやすい。長髪は危険なので，まとめておくこと。寒くてもマフラー類は厳禁です。

・チャックの回転円周上に立たないこと。

・切れないバイトを使用しないこと。

・安全装置をはずさないこと。

・後片付けを確実に行うこと。

〔2〕**ボール盤**

・テーブルの高さをしっかり固定すること。

・工作物はテーブルにバイスなどで固定すること。薄板でも手で固定してはいけない。

・研ぎの悪いドリル刃を使用しないこと。

・ドリル刃の固定は確実に行うこと。チャックを用いる場合，締付け具をはずしてあることを確認すること。

・無理な力をかけてドリルに送りをかけないこと。刃が折れます。

・穴の貫通時にドリルが食い込みやすいので，注意すること。回転が止まったらスイッチをすぐに OFF にすること。

・後片付けは確実にきれいにしましょう。特に，ドリルの刃は次の作業者が使いやすいように，大きさの順に並べて片付けること。

〔3〕**グラインダー**（回転砥石），**切断砥石**

・砥石の固定は資格者が行うこと。

・金属を研ぐと，火花が散るので引火に注意する。

・砥石の側面を使用しないこと。

・防塵マスク，安全メガネを必ず着用すること。

〔4〕ハンディ工具

ハンディ工具（ハンドドリル，ディスクグラインダー，ルーター，丸鋸，サンダー等）は作業の自由度の高い分だけ，身体に接触して事故を起こしやすい工具です。作業時には上記の機器の使用上の注意に加え，他者の接近などを避けるように。特に，小さい工作物の場合，手で固定して作業する時に手元が狂うと危険です。必ず万力などに工作物を固定して作業を行うこと。

〔5〕そ の 他

労働災害防止のため，多くの危険作業は資格制度により熟練者のみが作業を行うことになっています。例えば，ガス・電気溶接は有資格者，熟練者以外は行ってはいけません。

【この章の課題】

自分の経験した「機械への挟まれ・巻き込まれ事故」を正確に記述せよ。

いつ，どこで，誰が，どうして，どうなったか（5W1H）を，わかりやすく，必ず図を使って説明せよ。

● 出題意図

この課題では身近な回転体，例えば電池で動く電車のおもちゃでも，巻き込まれ事故が起こります。また挟まれ事故はてこの原理が働く場合，慣性のある重量物の場合にけがにつながります。提出された課題を学生に示すと，「あるある！」と盛り上がります。

● この課題の学生のレポートから

この課題では多くの「機械への挟まれ・巻き込まれ事故」が報告されました。

具体的には

・工作機械へ巻き込まれた

・自転車，バイクへの巻き込まれ（チェーンへの巻き込まれ，車輪へ巻き込まれた，ペダルへの靴ひもの巻き込まれなど）

・エスカレーターで靴ひも，ゴム草履が巻き込まれた

・エレベーターで扉に挟まれた

・自動車で扉に挟まれ，スライドドアに挟まれた

・ノートパソコンの蝶番で指が挟まれた

などでした。いずれも，衣類のひもやひらひらした部分によります。この課題を見ていると，工作機器の巻き込み防止策は実生活の事故の防止にも役立つと思われます。

　その中から面白かったレポートの図を以下に転載します。

　皆さん，なんらかの巻き込み事故，挟まり事故に合っています。それを意識させることで，実験中の事故も防げます。

マフラーが自転車に巻き込まれて首が絞まった

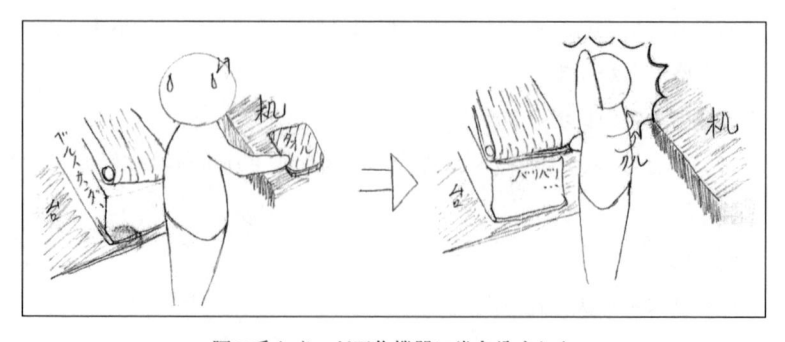

腰の手ぬぐいが工作機器に巻き込まれた

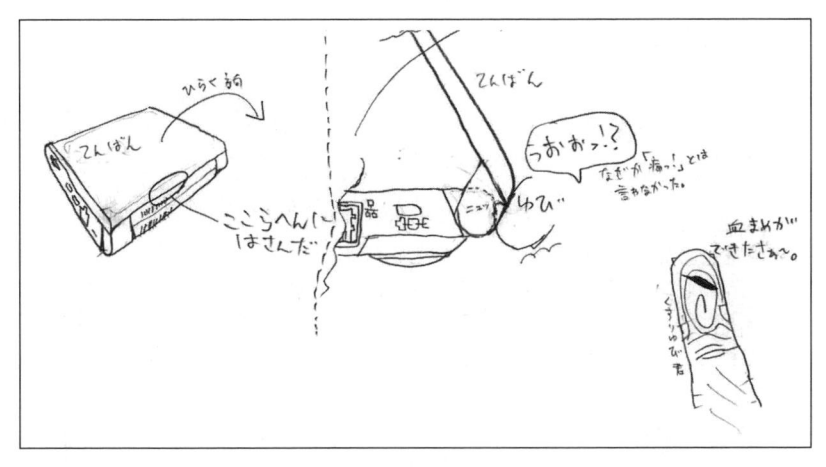

ノートパソコンの蝶番に挟まれた

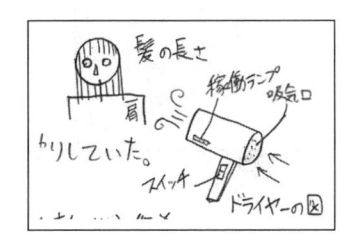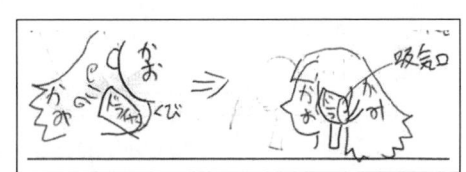

ドライヤーのファンに髪の毛が絡まった

鉛筆を扇風機に突っ込んだ，怒られた　　　　　　扇風機に指を…

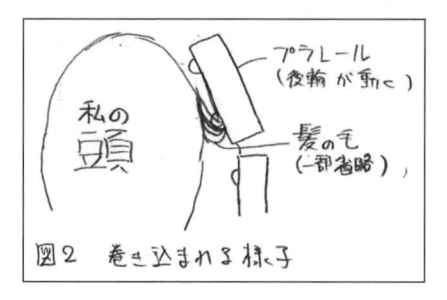

プラレールの電車に髪の毛が絡まった

四駆の車輪に髪の毛が絡まった

電車の扉に指を巻き込まれた

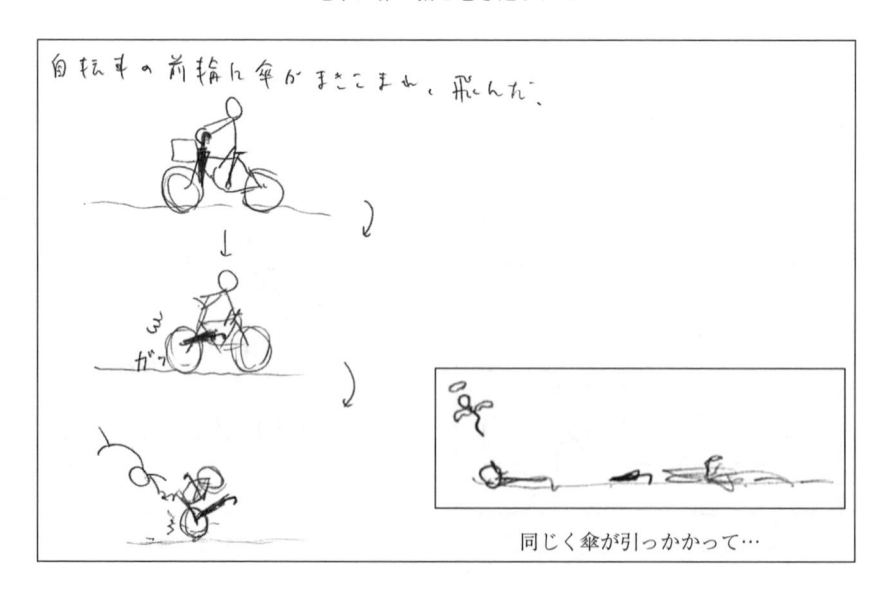

同じく傘が引っかかって…

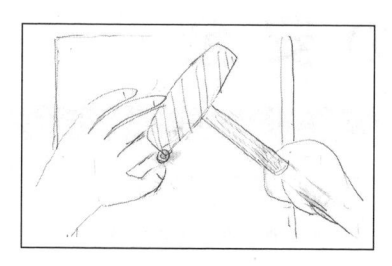

釘を打っていて…

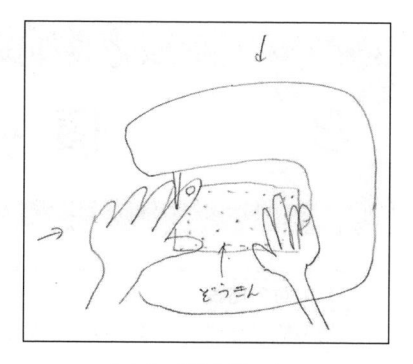

ミシンで指を縫った…

エレベーターの扉に挟まれた

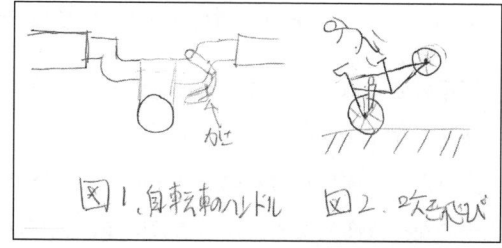

自転車のハンドルに傘を掛けていたら…

自転車にリュックのひもが
巻き込まれた

8 情 報 の 安 全

ご安全に！

この章の結論

「情報機器を使う時はそのルールを守りましょう。それがあなたを守ります」
ということ。

8.1 セーフティとセキュリティ

情報の安全は，これまでの安全（セーフティ，safety）ではなく，保安（セ
キュリティ，security）に近いものになります。セキュリティに関しては，そ
の内容だけで何冊もの本になります。この章では技術的な側面ではなく，安全
工学的な，人間的な側面からこの問題にアプローチします。

8.2 情報社会での安全の MUST 項目

・説明書を読むこと，誤った使用法を避けること，使用上の規約やルールを
　守ること。
・プログラム利用上の注意，契約は要確認。
・「同意します」のボタンを押す時には，その内容に目を通しておくこと。

じつは，このような当たり前のことを行っていないことで，トラブルは発生
しています。

8.3 ハードの盗難被害と防止対策

コンピューターに関する犯罪で一番怖いのは，ハードウェア（ハード）の
「盗難」ではないでしょうか。私も 1998 年の海外研修中に，ミラノ駅で荷物ご
とノートパソコンを盗まれたことがあります。当時のノートパソコンは重いも

ので，ハードディスクも大容量ではなかったため，盗まれた情報量は少なく，セキュリティ的な痛みは小さかったのですが，メールは使えなくなり，一緒に盗まれてしまった OHP シートのバックアップファイルもそのパソコンの中に入っていたために，その後の講演に支障をきたしました。また，いまのパソコンに比べて格段にロースペックでしたが，価格は 30 万円以上したため，経済的にも大打撃でした。

　当時に比べ，パソコンの機能は格段に上がりました。そして，現在の大学生活や知的生産活動の大部分はパソコンに頼っているので，もし盗まれたら，経済的な損失よりも，自分の研究・教育活動成果が失われます。失われるのは時間と労力です。大打撃を受けます。

　しかも，ノートパソコンは持ち運べることをそのメリットにしています。これは持ち出しやすい，盗難に遭いやすいということです。そして，鞄に入れて持ち出されたら，建物に監視カメラがあっても犯人の特定は不可能です。ノートパソコンは盗難のターゲットであることをつねに意識しましょう。また，USB メモリーやコンパクト HD はさらに小さいため，より盗難の対象になりやすいことを意識してください。

　ノートパソコンの盗難を避けるためには，ノートパソコンから離れないことです。これは，スマホにもいえます。持ち主が席を離れ，休み時間の講義室の机上に何気なく置かれているノートパソコンやスマホを見ると，私は不安になります。

　万が一，盗難に遭ってしまったら，すぐに所属組織へ連絡しましょう。大学なら事務室に連絡してください。これはパソコンそのものよりもその中にあるいろいろな情報，特に組織のサーバーへのアクセスキーに関する情報の悪用による二次被害の防止のためです。

8.4　ソフトの保管と不正使用防止

　学生さんや大学に勤務している人は，「アカデミック版」として，比較的安価にソフトウェア（ソフト）を購入できます。また，大学や組織によっては，

Microsoft Office ほかのソフトの一括契約により，ソフトをダウンロードして自分のパソコンに入れて使えます。これらのソフトの使用時には，使用規約をよく読んで，ルールを必ず守るようにしてください。また，卒業時にはアンインストールするのも一般的なルールです。

　昔のパソコンはネットにつなぐことを前提にしていませんでした。スタンドアローンで使うことを前提にしていたために，1ソフト1台の規約に違反する行為がしばしば見られました。そのような行為は「違法」です。「ばれなければよい」というものではありません。また，ばれた時には経済的・社会的に制裁され，痛い目を見ます。そして，その行為はその組織の意思で行われたものでなくても，その組織の構成員個人の犯罪であったとしても，組織全体に大きなダメージを与えます。最悪の場合，構成員一人の不正が組織を潰します。

　ソフトの不正使用に対する損害賠償裁判の判決が知られています[1]。これは日本の試験予備校が社内のパソコンにマイクロソフト社などのソフトを違法にコピー使用していたことに対する損害賠償裁判の判決です。2001年に正規品の小売価格と同額の8500万円の支払いを東京地裁は命じました（後に和解）。

　ほぼ同時期に同様の損害賠償訴訟が日本の大学（研究室）に対して複数起こされました。特に某大学の研究室に対する3億円（損害賠償だけではなく懲罰的制裁金を含む額）の訴訟の噂はインパクトが強く，当時の文部省の通達でソフトの管理が厳しくなりました。研究室に保管されているソフトのCDやフロッピーが持ち出されると困るということで，ソフトパッケージは鍵付きの保管庫に入れることになりました。鍵のかかる保管場所の確保で大騒ぎでした。

　ソフトをインストールするときに，「契約へ同意」のボタンを押す前に，必ず契約内容を確認しましょう。

8.5　コンテント犯罪

　コンテント犯罪（コンテンツ犯罪）という言葉は比較的新しい概念です。著作権の侵害は民事的な他人の権利の侵害行為ですが，児童ポルノグラフィの所持は刑事犯罪です。

児童ポルノはその単純所持さえも法律違反であり，刑事罰の対象です。2014年の児童ポルノ禁止法の改正により，2015年から“パソコンの中にそのようなファイルを持っている＝単純所持”さえも，犯罪になりました。あなたのパソコンは「きれい」ですか。そのようなファイルに汚染されていませんか。自分でダウンロードした憶えがなくても悪い友達がメールの添付文書でそんなファイルを送りつけていませんか。

この法律の国内での運用については，まだコンセンサスが十分でなく，議論も十分ではありません。もちろん，そのような違法なファイルをネットに上げ，拡散して逮捕された例は多数あります。そして，単純所持を理由に実際に書類送検された例も発生しています[2]。しかし，海外では同種の犯罪による逮捕者も出ています。米国のニュージャージー州では，2015年に留学生が単純所持を理由に逮捕されています[3]。彼はパソコンが壊れたので修理に出したら，そのようなファイルを修理人に見つかってしまい，通報を受けた警察に逮捕されたそうです。日本では違法でなくても，それを違法としている国へ持ち込むと，たとえ単純所持で周りに迷惑をかけていなくても，その国では逮捕されます。運が悪かったではすまされません。多額の罰金や国外退去などの罰を受け，社会的信用も失います。海外旅行に出かける時は，大丈夫だと思っても自分のパソコンの中の画像ファイルを確認したほうがよいでしょう。文化の違いで，あなたは問題ないと思っているマンガやイラストでも，相手国ではそれを持っているだけで刑事罰の対象になる場合だってあるのです[†]。

8.6　ネ チ ケ ッ ト

「ネチケット」はご存知ですか。昔からのネットユーザーにはなじみ深いでしょうが，若い方にはなじみのないことばかもしれません。これは「ネットワーク」＋「エチケット」の造語で，ネット上でそのユーザーのマナーについてまとめた道徳教本です[4]。興味のあるなしにかかわらず，ネットユーザーに

[†]　2017年，日本国内でも販売目的ではない「単純所持」による逮捕・書類送検の例が出ました。

は一度読んでおいてもらいたいものです。

　内容は要するに「他人を傷つけるようなまね，迷惑行為をしてはいけない」
ということです。以下に簡単にまとめます。

〔アクセシビリティ〕

・環境によって表示や動作が異ならないように配慮する

・機種依存文字や半角カナを使用しない

・いわゆるギャル文字や方言など，ローカルにて使用されている表現は控え
　る

・相手のディスプレイの大きさを考慮し，メールや掲示板で一行に長く書か
　ない

〔荒らし行為，またはそれと疑われるような行為をしない〕

・マルチポストをしない：ネットワークリソースの不当な消費であり，不快
　感を招く

・引用は明示して適切に行う

・個人情報を流出させたりプライバシーを侵害したりしない

〔他人に対する配慮〕

・調べてすぐにわかることをネット上で質問しない，自分で調べる

・不必要に巨大なデータをメールの添付文書として送らない

・場の空気を読む

・コンピューターウイルスやトロイの木馬に感染したパソコンをネットワー
　クにつなげない

・相手の許可なく HTML 形式のメールを送らない

・一度に複数の相手にメールを送信する時の宛先は Bcc: を使う。To: や Cc:
　を使わない

・「いついつまでに返信ください」など，私的なメールや LINE の返信を強
　要しない

・上記の項目が理解できない者は，メールや掲示板を利用しない

　当たり前のことです。しかし，それを守ることは簡単ではありません。特に

匿名の SNS などの場では，自制心を持って行動，発言してください。

8.7　SNS：匿名の罠

　ネットでは個人情報を開示することにより犯罪に巻き込まれる懸念から，匿名を使うことが「やむをえず」「許されて」います。でもそれに寄りかかり，匿名でネット上に暴言を書き込む，他人の悪口をいうことは許されません。しかし，ネット上の発言はできれば実名での使用が好ましいものです。Facebook は実名主義です。Facebook で匿名やハンドルネームを使っている人を友達と認定・認識することは怖くてできません。

　「匿名の投稿なら，自分が誰かはわからないだろう」と考えるのは浅はかです。"天網恢恢疎にして漏らさず"，お天道様（あるいは，監視者）はしっかり見ています。もともと，ネットの IP アドレスや ID は実社会のあなたと，ネット上のあなたをつなげるための道具です。だから，あなたが匿名でなにかをネット上に書き込んでも，ネットを解析する能力を持つ人は，あなたを容易に特定（抜き）します。

　これまでにも多くの「匿名の脅迫」が事件となり，犯人が特定されています。Web 上にはそのような匿名の犯罪予告を通報する専門のサイトもあります。さらに「スネーク」といわれる，炎上ブログのわずかな写真などの画像情報からの本人特定や情報収集なども行われています（これもまた犯罪行為（迷惑条例違反）です）。ネットの匿名は頼れるものではありません。

　実際，ネット上で Web ページのボタンを押したら，「会員登録されました」と表示が出て，請求書のはがきが届くことがあります。私のもとにも，20 年ほど前に一度，そのようなはがきが届いたことがあります。私の使用していた大学の IP アドレスと氏名，住所，e-mail アドレスがきれいに「抜かれて」いたようです。その Web ページにアクセスした時間は私の帰宅後の深夜になっており，私にはまったく心当りがありませんでした。そこで，研究室の共通マシンのブラウザの履歴を見てみたら，その時間にそのページを誰かが閲覧していたようです。おそらく学生さんだったのでしょうね（O 君，しらばっくれて

いたけど君だろう？）。結局，大学の事務に相談して無視しました。

　私自身はネット上で発言する時にできるだけ実名を使い，あるいは実社会の私とリンクするように設定します。実名で発言する限り，自分の発言に責任を持たねばならないので，本音ではなく建前で発言せざるをえなくなります。自分の発言を強く意識します。責任のとれることしか書き込めません。私の本音は家で酒を飲んで奥さんに愚痴る時だけしか表に出しません。

　どこかで読んだ記事に，「ネットでの書込みは，紙に書いて自分ちの玄関に張り出せるものでなければいけない」と書かれていました。名言と思います。

8.8　電子ジャーナルの使用上の注意

　電子ジャーナルを使っていますか。

　大学などでは，図書館の Web ページから電子ジャーナルのページに行き，そこで調べ，大学の契約している電子ジャーナルにアクセスし，PDF ファイルなどをダウンロードすることができます（**図 8.1**）。研究室に居ながらにして，論文を入手できます。大変便利です。しかし，便利なものには必ず落とし穴があります。

　この電子ジャーナルは使う時には使用上の注意を守らなければなりません。しかし，多くの人はこの注意書きを読んでいません。

　おもな使用上の注意点は

① 資料の印刷や保存は一人 1 部に限ること

② 印刷体やファイルを他人に譲渡しないこと

③ 資料（雑誌）ごとの指示に従い使用すること

④ e-Journal の機械的なダウンロード，系統的なダウンロードを行わないこと

です。これらの注意事項は，必ずその図書館などの Web ページに記載されています。必ず読むようにしてください。

　資料の保存や印刷を 1 部に制限しているのは，日本の図書館法の規定によります。資料の譲渡制限は，それぞれの電子ジャーナルの "契約対象外＝学外"

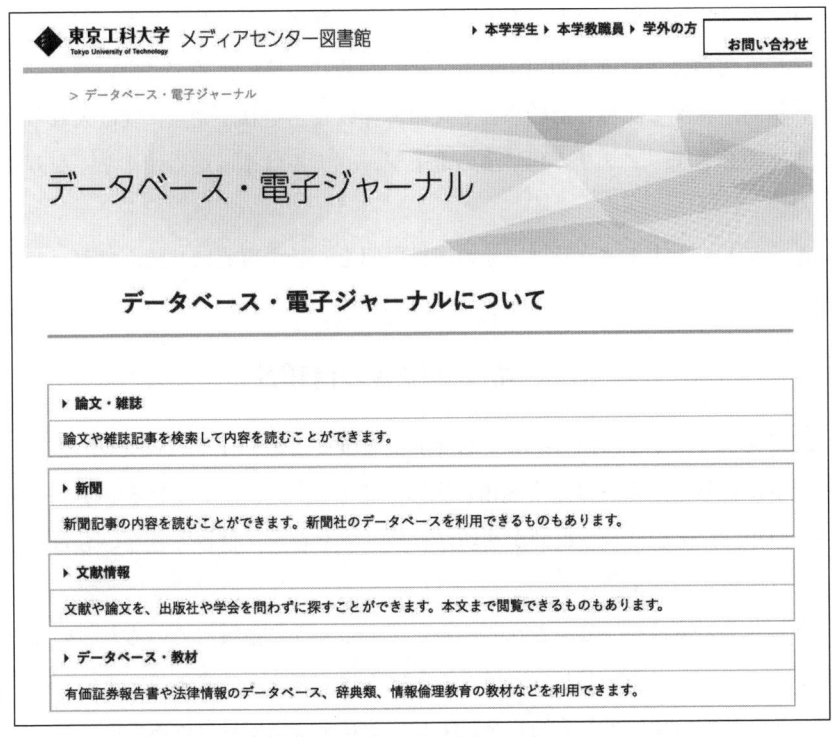

図 8.1 大学図書館などの電子ジャーナルの Web ページ

への電子情報の配布は契約違反になり，ジャーナル運営者の権利を侵害することになるからです。

このような規定の中でも，「系統的ダウンロードの禁止」は要注意です。同じ雑誌から続けて論文をダウンロードしてはいけません。自動でダウンロードを行うソフトもありますが，使用は控えるべきです。

昔，研究室の学生さんが同じ雑誌（アメリカ化学会）から 15 報ほど続けてダウンロードしたところ，研究室の IP からその雑誌へのアクセスができなくなりました。組織的ダウンロードの疑いで，その学生さんの使っていたパソコンにアメリカ化学会からメールが届いていたのですが，英語で書かれていたために，その学生さんは面倒がって読まずに放置しておいたようです。ほかの学生さんから私に「アメリカ化学会の電子ジャーナルが使えない」という苦情が

あり，アメリカ化学会に問い合わせたところ，問題が発覚しました。不幸にもアメリカ化学会への抗告期間が過ぎていたために，その後始末はたいへんでした。結局，状況を記載した始末書を英語で作成し，それが先方に受け入れられるまでの2週間，アメリカ化学会の電子ジャーナルはまったく使えなくなりました。

　電子ジャーナルを使う時は，その取扱説明を「必ず事前に」読んでおいてください。

8.9　ネット情報の信頼性

　2016年にIT大手のDeNAは，運営する健康まとめサイト（WELQ）を，その記事に信頼性がないことを理由に閉鎖しました[5]。このようなネット上の無料の情報は，その査読や批評が適切に行われておらず，信頼できないものとして取り扱わざるをえません。

　ネット上の情報を「公開されている」，「そのように主張している」という根拠で信じること，事実として取扱うことは危険であり，間違っています。そして，その中で信頼に足りる情報を収集し，それを常識で見分ける力こそが，安全のための取材力そのものであるといえます。

　言い換えれば，情報分野の安全の基礎は，「情報の価値」を意識することです。その価値は正の場合もあり負の場合もあります。その情報の価値を見極めて，"正の価値を持つ＝役に立つ"情報を選び出す眼力を身につけなければなりません。情報を手に入れるためにはなんらかのコストを必要とします。タダで手に入る情報はそれだけの価値しかありません。そしてタダで手に入る情報の中には明らかに誤った情報も多く存在します。誤った情報は負の価値を持つといえます。それを信じてしまったあなたの判断を誤らせます。そのような誤った情報はあたかも正しい価値の高い情報のように粉飾され，Web上に置かれています。Webから無料で入手できる情報は要注意です。Web上に置かれている情報は，その発信者のコストで置かれています。情報の発信者は意図をもってその情報をWeb上に置いています。その意図の明確な場合，例えば

広告や商品の紹介などの場合はその情報の検証は容易です。しかし，その意図の明確でない場合は要注意です。タダで手に入る，あるいは押し付けてくる情報は低質なものが多く，質の高い情報は金銭や労力などのコストをかけなければ獲得できません。無料で簡単に入手できる情報は疑ってかかるべきだともいえます。その情報を不用意に信用してはいけません。疑ってかかりましょう。疑うこと，その情報の裏をとるために必要な時間や労力は，タダで手に入る情報を受け取る側のコストになります。

　このような実状を鑑みて，私の講義のレポート作成においては原則としてネット上の情報の使用を禁止しています。例外として，紙媒体により同じ内容を刊行している新聞や書籍は認めています。一方，ネット新聞などの印刷体の出版されていないものは禁止しています。これはネット上の情報の低い信頼性によるものです。

　得られた情報は必ずその「裏」をとらなければなりません。複数の情報源（ソース）から多面的に得られた情報は信頼性が高いものです。すなわち，情報収集は高度に知的な活動です。ネットから簡単にできる行為ではありません。あなどってはいけません。

　信頼できる情報源をどのようにして見分ければよいのでしょうか。Web上の情報を見極める手段のひとつは，事実と意見を分離しているかどうかです。そして，その事実を優先しているかどうかです。意見の正当化のために情報を選んで使用しているものは要注意です。その事実に関して検証可能なレベルで記載されているのか，証拠はあるのか，その事実を記載している段階で意見を入れていないかを検証しましょう。同じ段落内に事実と意見を混ぜて記載している文章は参考にすることを避けましょう。

　つぎに引用文献を明示しているかしていないか，その引用文献が信用に足る文献であるかどうかが鍵です。根拠となる事実の出典の明示がされていない場合，それを追調査しようとしてもできない場合は，その事実なるものが事実ではない，そのWeb情報を書いた者の脳内情報かもしれないと疑ってかかるべきです。

　その情報源の権威や信用を検討しましょう。Web 上の情報でも ISBN や ISSN のあるものは比較的信頼できます。最悪の場合，その記載内容の誤りを指摘されても，その根拠は国会図書館に所蔵されています。しかし，ISBN を持つ書籍の中にも明らかにカルトやオカルト寄りのものもあります。新聞でも 5 大紙はタブロイド紙よりも信頼できます。そして紙面掲載のものは Web 上のニュースやまとめサイトよりは信頼できます。また，Web 上の場合，政府機関の go.jp や大学関係の ac.jp は比較的信頼できます。ただし，ac.jp の中には管理されていない学生の個人ブログもあるので，要注意です。そのような場合はその文の文責者名が明示されているかどうかで判断します。.co.jp や .com には営業販売のために意図的に誤解を招くものが散見されます。裏をしっかりとらない限り使わないほうが賢明です。さらに，.net や .gr ほかのサイトはその中から正しい情報を見つけることが難しく，それを引用文献にしてしまうとそのレポートの信頼性がなくなります。Web 上のまとめサイトは誤解を招く記事が多くあります。Wikipedia は要注意です。まともな情報の中に（おそらく意図的に）ウソを紛れ込ませていることがあります。幸いに Wikipedia は出典を記載しているので，必ずその出典にあたり，記載内容の裏をとり，引用文献はその出典としましょう。一度，外国語版と内容を比較してみることをお勧めします。Wikipedia は異言語にまたがるサイトです。日本語版と英語版では記載内容が大きく異なることもあります。知恵袋などの Q&A も信用できません。便利ですが，あまりにウソが多すぎます。ベストアンサーになった回答が明確に間違っている場合がよくあります。匿名のブログを出典とする愚は避けましょう。実名で書かれているものは，その著者のご意見として取扱いましょう。ブログを事実の出典とするのは危険です。どうしても使いたい場合は，必ず裏をとり，その裏となる出典を引用にしましょう。どうしても上記のような Web 情報を使いたければ，必ず複数のソースにあたり，それを対比させてください。あえて逆の主張にあたってみることも必要です。「多重的」ではなく「多面的取材」は必須です。

【この章の課題】

　講義内容以外で，情報の安全に関して説明してほしいと考える事項を一つ以上挙げ，なぜそう考えたかを簡潔に述べよ。

● **出題意図**

　この課題以前に，引っかけで「自分の情報環境とセキュリティ対策についてまとめよ」という出題をしたところ，赤裸々にかつ詳細に自分の環境をまとめてきた学生がいました。これは恐ろしい。これを使えばそのパソコンがネットにつながれた時に悪用できます。

　それ以降，講義内容の充実のために出題を変えています。

● **この課題の学生のレポートから**

　講義内容として加えてほしい項目という出題をすると，「自分の行為は違法でしょうか？」というような質問が出てきます。コマッタモンダ。

　また，非常にプリミティブなプログラムの説明書に記載されているような内容の話もあり，いかに説明書が読まれていないかが明確にわかる結果になってしまいました。いずれにせよ，学生さんたちはネットを気軽に使っている割にはネットに不信感を持っていることがわかりました。

　便利なものには落とし穴があることを意識させることができれば，この課題は成功なのでしょう。

第Ⅱ部　ヒヤリハット報告書の作成とその指導（危険の見つけ方）

　業務においても日常生活においても，単独原因による大きな事故は今日の日本では起こりません。"いくつもの危険要因の不幸な重なりという偶然＝インシデントの不幸な重なり"によって，大きな事故は発生します（スイス・チーズモデル）。一つひとつの危険要因は，普段から大きな口を開けています。そして，われわれはその大きな口にしばしば引っかかり，つまずきます。しかし，そのつまずきの被害は小さいので，その大きな口を「たいしたことではない」と捉え，放置してしまいます。

　その口を見つけ出し一つひとつ潰すこと，あるいはその口を埋めていき小さくすることは，大きな事故の発生を未然に予防することにつながります。ヒヤリハット報告はそのような大きな口を見つける作業です。あれっ？　ヒヤッとした，ハッとした，"そんな事故の種＝インシデント"をほかの種と重なる前に潰せば，大きな事故を避けられます。ハインリッヒ（Heinrich）の法則は，このようなヒヤリハットと重大事故の経験的な関係を定量的に表したものです。さらに，ヒヤリハットを報告する人は，そのインシデントのエキスパートです。その人はその引っかかった理由を熟知しており，その避け方も意識しています。それを積極的に習いましょう。安全を推進する者の取り組み方ひとつで，ヒヤリハット報告書は単なるインシデントの報告書ではなく，インシデントの再発防止そして事故の未然防止の起案書になります。

　ヒヤリハット報告は多面的にたくさん集めなければ意味をなしません。多面的にたくさん集めるためには，特定のメンバーからだけではなく，多くの人の（したがって，多面的な）ヒヤリハット報告を集めなければなりません。そのために，組織のメンバーはヒヤリハットの書き方に習熟しなければなりません。安全の推進に責任を持つ立場にある者は，ヒヤリハットの書き方を教育

し，書くことを勧奨しなければなりません。たくさん書かせるように工夫し，仕掛けなければなりません。

　第Ⅱ部では，ヒヤリハット報告書の作成とその指導を目標に，9章ではまず身近で共通性の高い生活における危険から，ヒヤリハットの俎上に載せるべき事項を考えます。つぎに，10章では危険要因分析（魚の骨図）の作製法を，そして，11章では安全対策の立て方について，そして，12章では実際のヒヤリハットの書き方と書かせ方についてまとめます。

　ヒヤリハット報告は，安全を管理する立場からみれば「待ち」です。それに対して危険要因を積極的に探しに行く安全巡視は「攻め」です。13章にはそのような安全巡視のポイントをまとめました。産業医による安全巡視は労働安全衛生法に定められた義務です。しかし，それだけにこだわらず，安全に責任のある方は，積極的かつ自発的に安全巡視を行ってください。

9 身近な危険

ご安全に！

この章の結論
　危険は身近にあるということです。それらの危険を危険として認識できるようになることが，危険対策の第一歩です。

9.1 家庭内の危険

　実際のヒヤリハットはどのようなものであるのかを理解するために，まずは身近な家の中の危険とその原因，そして職場では事務室の危険を考えてみましょう。家庭や事務所の危険は高い共通性を持ちます。そのような危険を意識することは危険予知や発見の端緒となります。身近にある家の中の危険を意識し，さらにそれを定量的に分析・理解することは，危険の感受性を高め，ヒヤリハットの取材力を高めることにつながります。

　さて，家庭内のヒヤリハットを意識する時にも，安全工学的な視点を大事にしましょう。「設備」，「人間」，「環境」ですね。この三つの視点で，家の中や事務所を眺めてみましょう。また，どのような被害かで，「肉体的被害」，「精神的被害」，「経済的被害」，「社会的信用被害」，「環境被害」を想定してみてください。そうすると，とるべき対策を網羅的に考えられます。そして，対策は「防止対策」と「局限対策」を考えましょう。

9.2 意外に危ない家の中

9.2.1 階段の危険

　昔，塩沢兼人さんという声優さんがおられました。われわれ『ガンダム』の第一世代の人間には，悪役の「マ・クベ」で印象深い声の方です。もう少し後ろの世代の方なら『名探偵コナン』の初代「白鳥任三郎」で知っているかもし

れません。彼は自宅の階段で転落しました。その時は外傷もなく大丈夫だと思われたそうです。しかし，その後容態が急変し，脳挫傷で46歳の若さで亡くなりました。クレージーキャッツの谷 啓さんも，階段でつまずき頭を打ち，亡くなりました。関西で活躍していた文筆家の中島らもさんも，階段から落ちて脳挫傷で命を落としました。

　階段はその段差ゆえにつまずきやすく，落差ゆえに大きなダメージを受けやすい場所です。その被害は肉体的なものです。家庭内における重大な危険箇所です。古い統計ですが，1999年の国民生活センターの報告書では，2000人以上の命が家庭内での「転倒・転落」で失われています[1]。階段は本質的に危険な設備です。では，どうすればその危険を小さくできるのか，どのような階段が危険なのかを考えてみましょう。材質的に滑りやすいのなら，端に滑り止めを付けましょう（設備）。段差の場所を目で見て認識しにくい構造ではありませんか？　その場合，照明が不十分ではないでしょうか（設備）。あるいは，段差がわかりにくい，段差由来の影が見えにくいモノトーンな色や模様になっていませんか（設備）。階段を利用する場合に，前が見えにくい荷物を持って昇り降りしていませんか（人間）。

9.2.2 風呂場の危険

　声優の白川澄子さんは，『サザエさん』の「中島くん」や『ドラえもん』の「出来杉くん」の声でなじみのある方でした。彼女は風呂場で，くも膜下出血で亡くなられました。俳優の平 幹二朗さんも風呂場で倒れて亡くなりました。原因はヒートショックではないかといわれています。ヒートショックは，風呂場などにおける急激な温度変化により血圧の急上昇などを起こし，それに体がついていけずに脳出血や心筋梗塞などを起こしてしまうことです。2011年には「ヒートショックに関連した突然死」で17000人以上が亡くなったそうです[2]。単純に比較はできませんが，これは交通事故死者数の4倍近い数値です。

　風呂場の危険は温度差という「環境」に起因します。被害は肉体的なものです。大きな温度差を引き起こす，すきま風などはないでしょうか（環境）。必

要なら脱衣場にストーブ等を備えましょう。必要以上に熱い湯を好んでいない
でしょうか（人間）。長湯するのなら，ぬるめのお湯にしましょう。

9.2.3　台 所 の 危 険

　台所はけがの原因になる調理器具，火災の原因となる天ぷら，薬物中毒など
を起こす酒や薬傷を引き起こすタバスコ（あるいはデスソース）など，危険満
載です。しかし，緊張感を持って包丁を使い，天ぷらを揚げている限り，大き
な事故は発生しません。包丁を不安定な場所に置いてしまい，取り落としした
り，天ぷらしていることを忘れて長電話したり，タバスコや唐辛子を扱った手
で目をこすったりするような，不用意な行動をとらなければ事故にはなりませ
ん。

　台所における危険は「設備」（加熱器具，包丁等），「人間」（ルーチンワーク
による慣れ），「環境」（5S（整理・整頓・清掃・清潔・しつけ）の不徹底）に
より引き起こされます。それぞれ，どのような危険を内包しているか，どのよ
うな対策をとればよいのかを考えてみましょう。特に，"小学生や小さなお子
さんが料理をする場合＝未熟練者"の危険（人間）を想定すると，危険要因を
より強く浮き彫りにできます。そして，防止対策としての「教育」の有効性を
理解できます。

9.3 食 の 安 全

9.3.1 急 性 の 危 険

　食の危険は急性のものと慢性のものに分類できます。急性の危険は，食中毒が挙げられます。慢性のものとしては，食品添加物の影響，栄養失調，栄養過多などが挙げられます。これらはおもに“健康被害＝肉体的被害”です。

　“細菌性の食中毒の原因物質＝毒素”の毒性は，人工毒に比べて格段に強いものです。また，ノロウイルスなどによる集団食中毒は，食品加工業者や調理業者の小さな油断で大きな被害を生みます。

　2017 年 1 月に和歌山と東京の立川で起きたノロウイルスによる集団食中毒の原因は「刻み海苔」であったとされています。大阪の海苔の加工業者さんは体調不良にもかかわらず，海苔の裁断作業を素手で行っていたそうです[3]。

　著者は小学生のころ，静岡県立浜松北高等学校のプールに隣接した官舎に住んでいました。浜松北高校のグラウンドには大きな慰霊碑がありました。この慰霊碑は昭和 11 年 5 月の運動会において配られた紅白大福餅に潜んでいたサルモネラ菌により，2 244 名が食中毒を起こし，44 名が亡くなったという事件です。私の中学校の教員はその運動会に参加していたそうです。

　このような食に関係する急性の危険は，設備由来，人間由来のものです。5S のうち，清潔を守れる設備，清潔を守る意識により，事故を防げます。

9.3.2 慢 性 の 危 険

　慢性の食の危険のうち，食品添加物は世間で取り沙汰されるほどに大きなリスクではありません。それよりも恐ろしいのは，栄養失調や栄養過多です。バランスの悪い食事により徐々に健康を損なうことを防がなければなりません。特に一人暮らし 1 年生が，（少ない）給料や仕送りを遊興費に回すために，安価な冷凍うどんやファストフードに頼ると，野菜不足，タンパク質不足や塩分過多になります。香川県はうどん県として有名です。しかし，同時に糖尿病による死亡率全国ワースト 3 位という不名誉な記録も持っていました。その原因

はうどんといなり寿司をあわせて食べること（ダブル炭水化物）による「炭水化物過多，およびそのような食事の際に薬味のネギ以外に野菜を食べないことによる野菜摂取不足」ではないかとされています[4]。このような栄養失調の悪い影響は長期間の不摂生の後に来ます。体力のある若い人は顕在化しにくいものです。歳を経てから顕在化します。

　食の慢性の危険は，人間的な原因のものです。そのような人間的原因を排除する有効な防止対策は「教育」です。労働安全衛生法では安全確保の三本柱として，教育，健康診断，環境測定を挙げています。一人暮らしには食育（教育）と定期的な健康診断を必要とします。若いうちは無茶をしても体が持ちます。毎食コンビニ弁当でも生きていけます。しかし，そのような食事はうどん中心の食事と同様に野菜不足に陥ります。コンビニ弁当にちょっとだけ付いている野菜や漬物だけでは 1 日 350 g の野菜は摂れません。年を取ってから痛い目を見ることになります。若い時から食生活には配慮しなければなりません。教員や上司は，一人暮らしの学生や部下の食生活について，そのような可能性を意識して配慮しなければなりません。

9.4　交 通 の 安 全

9.4.1　自 動 車 事 故

　エアバッグ等の安全装置や運転制御装置の高度化のおかげで，自動車事故の死者数は年々減少しています。装置の進歩に伴い，高速道路の制限速度なども緩和されるようになってきました。しかし，より高速での自動車事故はその被害も重大になります[5]。

　自動車事故の被害は，肉体的被害に目が行きがちですが，経済的被害も大きなものです。特に主原因はあちら側でも，過失相殺でこちら側にも大きな出費を負担させられる場合があります。これは防止対策もですが，局限対策も必須です。経済的な破綻を避けるためにも，自賠責はもちろん，任意保険にも加入しましょう。適切な対応をとらないと，社会的な被害（風評被害）を被る恐れがあります。

9.4.2　公共交通機関の事故

公共交通機関の事故として，電車の駅ホームからの転落は命にかかわる事故です。件数の多いのは酔客の転落です。最近は歩きスマホによる事故も多くなっています。また，ケンカや悪意により，ほかの客に突き落とされた例もあります。某大企業の管理職の方に聞いたお話では，その会社の上級管理職は研修において，「突き落とされないように，ホームの電車待ちの列の最先端に立たないように」指導されるそうです。

公共交通機関のトラブルとしては，事故等による「遅延」も「危険要因」です。その路線のどこかで発生した事故は，全線の運行に影響します。それを避けるためには，時間に余裕を持って行動するしかありません。

私は会社員になった時の職場の研修で，直属の上司から「普段から $\pi/2$ 倍のマージンをもって行動する，特に大事な約束は π 倍のマージンをとるように」指導されました。つまり，訪問先まで片道1時間なら，1時間40分前までに出発する，ということです。片道4時間なら6時間30分前に出発することになります。確かに，このくらい余裕があれば，迂回しても約束の時間に間に合います。「では，約束の時間まで2時間半もどうするのですか？」と聞いたら，「その時は許すから観光でもして見聞を広めろ」と言われたのをよく憶えています。

9.5　若者の未熟さに起因する危険

9.5.1　お酒：飲酒の弊害

お酒の危険性は「化学物質の有害性」で理解できます。

「お酒はハタチになってから」です。お酒は百薬の長とも申します。確かに適量のお酒は緊張をほぐし，気分をよくしますから，精神の健康に益をもたらします。さらに，ワインなどのポリフェノールは動脈硬化の予防によいといわれており，肉体の健康にも益をもたらします。また，飲み会などの飲酒の場は人間関係の形成に役立ち，社会的な健康にもよい効果を持ちます。

そのようなメリットの反面，過度の飲酒は正気と脳細胞を削ります。また，

未成年はアルコールの代謝系が十分に発達していないため，急性アルコール中毒になりやすいという肉体への被害も懸念されます。さらに，イッキ呑みなどの無分別な飲み方は生命の危険を招きます。そして"慢性のアルコール中毒＝アルコール依存症"は精神や社会的健康を蝕みます。アルコールへの感受性や耐性は個人により大きく異なります。日本人の4割はアルコールデヒドロゲナーゼの一種が欠損しており，「酒に弱い」そうです（著者もです）。一度，パッチテストで自分のアルコール耐性を確認しておきましょう。そして若いうちは，自分の楽しみのために飲むというよりも，お付き合いでその「場」の雰囲気のために飲むこともあります。そのような場では，アルコール耐性の個人差を無視しがちです。そのような飲み方はアルハラを招き，急性アルコール中毒を招きます。お酒の益はほかのもので補うことも可能です。それを理由に過飲してはいけません。お酒は自分の適量を，余裕を持って，楽しく飲みましょう。

　著者はその体型から「酒呑み」と誤解されます。でもそんなに呑めません。呑みません。それは一度，学生時代に「やっちまった」からです。それ以降，正体がなくなるまで呑んだことはありません。ハタチになってすぐのころ，友達の下宿で，二人で焼酎をほぼ1升空けたことがありました。記憶があいまいになってしまいました。

　翌朝は朝から雪が舞っていました。ずぶ濡れの状態で布団にもぐりこんでいた私は，寒さで目を覚ましました。真っ青になって震えながら，乾いた服に着替え，下宿の廊下を見ると，玄関までぬれ雑巾で水を撒いたような状況でした。廊下を拭き掃除しながら，大学へ行く準備をしたのですが，自転車がありません。また，おでこに擦り傷や，体のあちこちに打ち身がありました。何があったのか。まったく憶えていなかったので，大学で一緒に呑んでいた友達に話を聞きました。ここからは伝聞です。飲み会が終わった後，その飲み会に参加していた数人で高野川（鴨川の支流）の土手の道をいい気分で酔い覚ましに散歩していたら，私は「もう帰る」と言い残し，土手を一気に駆け下りていったそうです。「うお～」という私の声は聞こえたが…どうも川の中で倒れてい

るみたいだが…，まあ大丈夫だろう，とその後はほったらかしにされたようです（このような場合，様子を見ましょう）。押していた自転車は高野川の中にひしゃげて雪をかぶっているのを見つけて回収しました。冬の高野川で水浴びをしてよく死ななかったものだと，自分でも思います。

5.4 節で述べたように，エタノールの LD_{50}（半数致死量）はおおよそ 7.2 g/kg です。これは体重 1 kg 当りの飲酒量ですから，体重 60 kg の場合は約 430 g のエタノールです。日本酒の度数は 15 〜 19 度ですから，2.2 〜 2.9 L で半数致死量になります。これは一升瓶 1.2 〜 1.6 本分です。どんなに飲んでも一升瓶を一人で空けてはいけません。同様にウイスキーの度数はおおよそ 45 ％なので，半数致死量は 0.96 L です。半数致死量をこうして見ると，普通の（自家用の）お酒の販売単位は半数致死量以下になるようにできています。ウイスキーの瓶は普通 720 mL ですが，これが 1 L 瓶だと半数致死量を越えてしまいます。これは先人の知恵でしょうか。

しかし，この半数致死量は「飲酒」の場合です。揮発したアルコールを吸引し，肺から摂取した場合はもっと少量のアルコールでも血中アルコール濃度は急上昇し，急性アルコール中毒で命を落とします。トイレの便器で吐瀉物から揮発したアルコールを吸ってしまうと，命にかかわります。酔っぱらって正体をなくしてしまった者を放置してはいけません。なにより，正体がなくなるまで飲んだり飲ませたりしてはいけません。近年の急性アルコール中毒死亡事故により，そのようなお酒の無理強いは「アルハラ（アルコールハラスメント）」と認識されるようになりました。そのような事故では，飲ませた側や同席者は加害者と見なされ，社会から厳しく糾弾されます。

9.5.2　タ　バ　コ
タバコの危険性は「化学物質の有害性」や「燃焼危険性の着火源」として理解できます。結論からいえば，タバコはやめなさい，吸わないほうがよい。

タバコは大人であることをアピールするアイテムではありますが，体に悪いし，嫌な臭いも体にしみ込むし，いいことがなにもありません。女性の場合，

タバコを吸うと皮膚にダメージを受けてふけ顔（スモーカーズフェイス）になるというデメリットもあります。本当の大人は「子供に戻りたい」と思うものです。大人ぶりたいのはまだまだ子供の証拠です。そのような精神的な子供は，20歳を過ぎて，たとえ社会的に大人と認められていてもタバコを吸ってはいけません。

　タバコの害を安全工学的に分析すると，まず肉体への健康被害でしょう。有害物質である，ニコチン，タール，そして一酸化炭素による害です。これは本人もですが，副流煙による家族や周りの人の被害も含まれます（これについては3章でも扱いました）。また，設備的に見れば，タバコは火災の原因になります。火災は人の命をも奪います。そして環境（自然環境ではなく社会環境）的に見れば，勤務時間中の 10 〜 15 分の時間を奪い生産活動を阻害します。また，ポイ捨てによる美観の毀損も見過ごせません。また，肉体被害から発生するガンは，その治療のために医療費の総額を押し上げます。タバコは人体への有害性だけでなく，社会への有害性もある，といえます。

　とはいえ，タバコによりストレスを軽減できることは否めません。また，「タバコと肺ガンの間には関係はない」と主張される論客もいます。しかし，これは少し理解不足なのでしょう。タバコの害の個人差は大きく，特に SOD（スーパーオキシド・ディスミューターゼ）という酵素の量と質により，タバコを吸ってもガンになりにくい人と，なりやすい人に分かれます。

　タバコを吸うと食欲減退し，ダイエットになると主張される方もいます。著者もそのような理由で，1ヶ月ほどタバコをたしなみました。学生時代の私は肥満体で（いまも肥満体ですが…），やせたいと思っていました。そこで，大学の診療室の内科へ健康相談に行ったら，たまたまその先生が愛煙家で，「じゃあニコチンは食欲を抑えるというから，吸ってみるかい？」といわれて，1ヶ月（4週間）だけ吸いました。いまならとんでもないアドバイスですが，当時はまだまだ喫煙は社会から容認されており，嫌煙という言葉もまだ産まれていませんでした。ただし，吸い方の指導がありました。タバコの煙を気管支や肺の呼吸器へ流さずに，口腔内で唾液に溶け込ませ，それを呑み込んで胃袋か

らニコチンを吸収させる，という文字通りタバコをのむという方法でした。私の場合，全然食欲は抑制されませんでした。体重もまったく減りませんでした。そして，恐ろしいことには，タバコを止めたとたん，数キロ太ってしまいました。最近の研究では，タバコを吸うとむしろメタボになりやすいそうです。あのお医者様にだまされました。愛煙家のタバコに関するアドバイスを聞いてはいけません。

タバコは長い歴史と文化を持ちます。最近は嫌煙家の喫煙者への迫害により，喫煙所での連帯感は強いと聞きます。そのようなメリットや連帯感ゆえに，喫煙者は未喫煙者をタバコや喫煙の場へ勧誘したくなると思います。でも，喫煙の利益と害を冷静に天秤にかけて，分別のある大人は非喫煙者をタバコの世界に誘うまねをしないようにしてほしいと思います。決して「煙ハラ」しませんように。そのような行為はあなたの社会的な立場を損ないます。

9.5.3 タバコと大麻

大麻を解禁・合法化すべきである，という主張を最近よく聞きます。講義でタバコの健康被害の話をすると，学生からも大麻の容認論を聞きます。「大麻の健康被害はタバコに比べて小さいので危険ではない」という主張です。なんでそんなに煙を吸いたがるのでしょうか。この主張は，薬物被害を「肉体的被害」に限定していることで間違っています。

大麻は大まかに「マリファナ」，「ハッシシ」，「ガンジャ」に分けられます。いずれも，そのおもな活性成分はΔ^9-テトラヒドロカンナビノール（以下，THC）という化学物質（幻覚物質）です[6]。危険ドラッグはこの THC の構造を模した，あるいは生体への類似作用を持つ物質を含有します[7]。大麻の向精神作用は，個人差の激しいものだそうです。人によっては著しい「多幸感」を与える場合もあり，人によっては「バッドトリップになる（悲観的になる）」場合もあるそうです[6]。いずれにせよ，正常な精神状態から逸脱した状態になるようです。

医用大麻ということばは，現在の日本にはありません。しかし，1886 〜

1951 年までは「日本薬局方」に大麻は記載されていました。このことは，大麻は生薬として認識されていたことを示唆します。大麻は 1929 年の「国際アヘン条約」で，国際的規制対象物質になりました。これを受け，1930 年には日本でも「麻薬取締規則」でその輸出入は許可制になりました。そして，1943年の薬事法で麻薬に指定されました。その後，1948 年大麻取締法が制定されました。そして，1961 年の「麻薬単一条約」で国際的にも麻薬と認識されています[6),7)]。

　後の 11.7 節で述べるように，"危険 ＝ リスク"による被害は，肉体的（健康）被害だけではなく，精神的被害，社会的被害，経済的被害，環境的被害と総合的に考慮しなければなりません。

　肉体的被害だけに限っていえば，WHO（世界保健機関）の 1997 年の報告書『物質乱用プログラム 大麻：健康上の観点と研究課題』では，タバコのニコチンと大麻の THC を比較して，THC の「肉体への被害」はニコチン程度かそれ以下と見積っています。そして，これが大麻解禁を訴える者の大麻正当化の根拠となっています。つまり，「タバコよりも低毒性（低有害性）なのだから，解禁すべきだ」という主張につながっています。

　しかし，人間への危険は「肉体への被害」だけで評価すべきではありません。大麻の吸引による短期的な精神への影響として，「著しい人格障害，時間感覚の喪失，高揚感，不安，緊張，混乱」などが挙げられます。また，「学習と精神運動機能を大幅に損なう」ことも報告されています。そして，その青年期における常習による「発達障害」も懸念されます。これらの症状は「酒」により酩酊（めいてい）することにも似ています。お酒の場合と異なるのは，周囲にその状況が明確に伝わらないことです。そのため，大麻を使用後に自動車を運転していても，誰も止めないでしょう。実際，自動車の運転の危険が高まるとの研究結果もあります。最近は，類似作用を持つ危険ドラッグによる自動車の繁華街での暴走事故によって多くの死傷者を出しています。さらに，長期的な影響として回復しにくい認知機能の低下も報告されています。「依存症候群，大麻によって誘発された精神病，（明確な）統合失調症の惹起（じゃっき）と悪化」も報告されて

おります。これも個人差の大きな事項です。個別の依存性の例を挙げて議論すべきではありません。以上をまとめると，大麻の有害性はおもに精神の健康への悪影響です。そして，大麻に飽き足りなくなり，薬物乱用はより強い麻薬，マリファナからコカインやヘロインやLSDなどへと展開していくこともたいへん危険です。大麻は麻薬や薬物乱用への入口です。

　そのような悪影響ゆえに，大麻は多くの国において（黙認している国があるとしても）「非合法」です。非合法ゆえに，その使用はその個人の社会的信用を毀損します。さらに，違法ゆえに大麻は高価です。その購入に使われたお金は犯罪組織の資金源になります。その常習化による使用者への経済的な被害も重大です。

　以上のように総合的に見ると，大麻のような「麻薬，違法薬物，危険ドラッグ」は禁止される十分な理由を持ちます。また，「有害性」を単に「肉体への健康被害」だけで考えてはいけない，もっと大局的に，個人の問題だけではなく，社会全体への影響も考えなければならないことを理解できます。その危険性の一部（肉体への被害）だけをもってタバコよりも安全であるかのように語るのは，自分の主張を正当化したい人の詭弁です。そのような論に惑わされてはいけません。安全工学を学ぶことは，そのような事物の危険性やリスクをより正しく網羅的に（抜けの少ない）捉える力を身につけることです。

9.6　対策すべき危険，後回しにしてよい危険，10万分の1人／年

　すべての危険に対策はできません。そこで，"危険＝リスク"を被害と発生確率をもとに算出し，それをもとに対策すべき項目の優先順位をつけます。被害の尺度としては「命」を用います。死亡率は最も理解しやすい尺度です。対策すべき危険，無視せざるをえない危険の境界の死亡率は$1/10^5$人／年程度です。2018年度の全産業における死亡者数は約928人です[8]。労働者人口はおおよそ6 500万人なので，母数10万人当り1.4人／年です。これはかなり良好な数値であり，もう少しの努力で日本の産業現場は安全であると判断できることを意味します。一方，2017年の交通事故死者数は3 694人ですから[9]，総

人口 1.3 億人で割ると 10 万人当り 2.8 人／年です。これは交通事故に対して
はまだまだ対策を進めるべきであることを意味します。自殺者数は 21 140 人
ですから[10]，総人口 1.3 億人で割ると 10 万人当り 16.3 人／年になり，至急に
対策を講じなければなりません。家庭内での事故死は 14 259 人（厚生労働省，
2008）ですから，総人口 1.3 億人で割ると 10 万人当り 11.5 人／年になり，
これも対策の急がれる危険であると判断できます。また，この数値結果を見る
と，現在の日本の職場よりも家庭は危険環境である，といえます。

【この章の課題】ケースメソッド

（1）保存料なしで食中毒ありと，保存料ありで食中毒なしのどっちを選ぶ
　　か。防腐剤の便益と有害性を自分で調べてそれをもとに選べ。

（2）自分の生活の中で「死ぬかと思った」ことについて記述せよ。

● **出題意図**

（1）身の回りの危険（と思われている）食品添加物のデメリットだけでは
　　なく，メリットも考える。特に，有害性の定量的な評価，比較を求める。

（2）身の回りにある「死ぬかと思った」事象の詳細な記述は，危険が身近
　　なものであることを再確認することにつながります。

● **この課題の学生のレポートから**

（2）学生さんたちはじつにさまざまな危険に直面していたようです。大き
　　く分類すると

・自転車自爆系：自転車でブレーキをかけずに坂道を降りていて…，ブレー
　キが壊れていて…

・交通事故系：車にひかれて…，十字路で飛び出して…

・墜落系：崖から…，階段から…，富士山から落ちて…，鉄棒から…，遊具
　から…，屋根から落ちて…

・感電系：コンセントに針金を突っ込んで…

・動物系：虫や動物（犬）に追っかけられて…

・レジャー系：スキーで…，スケボーで…，プールで…，川で…，海で…

・学校系：化学実験で…，レポートが厳しくて（?）…，いじめ…，単位を落として…

・病気系：病気で…，貧血で…

・自然災害系：雷で…，大雨で…

皆さん，よく生き伸びてきてくれました。

コラム：スマホとその中毒

　依存症という視点で見れば，スマートフォン（以下，スマホ）の社会への悪影響も看過できません。2017 年には日本小児科医会が「スマホの時間わたしは何を失うか」という啓蒙ポスターで，その弊害を訴えています。「ギャンブル」や「おもちゃ」や「ゲーム」への依存症は昔から散見されています。私も，中学生，高校生のころは学校にトランプを持ち込み，休み時間ごとに狂ったようにゲームに興じていました。また，大学生のころはゲームセンターでシューティングゲームを行いストレスを発散していました。いまにしてみれば黒歴史です。また，1980 年代以降のファミコンなどのゲーム機器の普及により，総計ではとんでもない量の時間が浪費されました。その後，学校の授業中の教室に「たまごっち」のようなゲーム機が持ち込まれるようになりました。このゲームは中断すると「ヴァーチャル・ペット」が死んでしまうという機能が「止めない理由」になりました。そして，スマホのオンラインゲームにより，その時間つぶしは一人だけのものではなくなりました。ゲームや LINE を通して狭い世間が形成されるようになりました。そして，ゲームを途中で止めることは「他人に迷惑をかける行為である」という，ゲームを止めない正当な（?）理由を獲得しました。このようなゲームを中断しないことの正当化による「中毒性」のエスカレーションは問題です。いまや大人もスマホ中毒にかかっています。

　10 年以上前ですが，私の長男に 1 日 1 時間までの約束で「スーパーファミコン」を買ってやったことがあります。しかし，未熟な小学生には中毒性が高かったようです。1 日 1 時間以内の約束は 1 週間も経たないうちに反故にされました。そこで，私は文字通りそのファミコンを「踏みつぶし」ました。息子は，この父親の蛮行を学校で訴えたようです。その結果，数軒の同級生宅で同じような父親によるファミコンの「踏みつぶし」が発生したそうです。親御さんは約束を守らない子供に，みなイライラしていた

のでしょうね。

　この原稿を書いている現在，大学生の娘のスマホに私と妻はイライラしています。まるで『牡丹灯籠』のお露に取り憑かれた新三郎のようです。幸いに契約者は私なのでその使用を経済的に制限してきました。しかし，あまり効果がないようなので，いまは結界をはって物理的に制限しています。いつか「きれいに水洗いしてから電子レンジで乾かしてやろう」と機会をうかがっています[11]〜[13]。

危険要因分析
（魚の骨を描く）

> **この章の結論**
>
> この章は演習です。具体的な「危険」の原因・要因を分析します。この危険要因分析は遭遇したヒヤリハットや微小災害の報告書を単なるインシデントの事例報告ではなく，事故防止の起案書・対策の提案書にするために必要です。

10.1　危険要因分析の意味

　具体的には魚の骨図を作成します。この魚の骨図は一種のマインドマップです[1),2)]。しかし，その作成は思いつきをまとめるのではなく，問題を系統的に組織的に分析します。なにが起きたのかを「頭」として，その背景にある事象を設備・人間・環境の側面から解析していきます。その際に「なぜ」を5回繰返し，その事例の抱えている闇を暴きます[3)]。これを行うことにより，事例の表面的な問題だけでなく，その影にある本当に解決しなければならない問題点を明らかにすることができ，おのずからその問題の解決法も見えてきます。

　ヒヤリハット報告書を作成する前に，このような危険要因分析を行うことにより，報告そのものも読み手に理解しやすいものになります。

10.2　危険要因分析の目的：ハインリッヒの法則の意味

　危険要因分析の目的は重大な事故を防ぐことです。小さな事故の種を見つけ出すことにより，大きな事故の発生確率を下げることができます。

　被害の規模や重大性により，いろいろなインシデントはヒヤリハット（無傷），微小災害（微傷），重大災害（重傷）へ分類されます。これらのインシデントの発生頻度は有名なハインリッヒの法則で記述されます。1件の重大災害

の背景には29件の微小災害があり300件のヒヤリハットがあるというものです。

　個々のヒヤリハットそれ単独は被害を与える事故ではありません。ヒヤリハット要因が複数重なることにより被害が発生し，重大化します。例えば，道に木の根っこが張り出していた（ヒヤリハット）や急用のため前をよく見ずに走っていた（ヒヤリハット）など，それぞれは単独ではけがの原因にはならなくても，これらが重なると，転んで擦り傷（微小災害）になります。さらに，その転んだ先に尖った木の枝や硬い岩があったりしたら，その枝や岩そのものの存在はそれぞれヒヤリハットでも，不幸にも転んだことと重なることにより大けが（重大災害）に結び付きます。つまり，それ単独ではけがに直接結び付かない要因，木の根っこや前をよく見ずに走る行動や尖った枝や硬い岩などのヒヤッとするハッとさせる要因を，少しでも「危ないな」と感じたら，その一つだけでも事前に片付けておくことにより，重大災害を未然に防げます。

　危険要因分析により，小さな危険の種を見つけ出すこと，そしてその種を潰すことが，大きな事故の発生を抑える対策そのものになります。

10.3　危険要因の分類

　危険要因は大きく「設備」，「人間」，「環境」の三つに分類されます。もちろん，それらの複数にまたがるものもありますし，場合によってはどれにも属さないものもあります。例えば，先の「木の根につまずいて転んだところ岩に頭をぶつけた」という事故の原因を分類すると，つまずいた木の根は道という設

備の欠陥です。急いでおり前を見ずに走っていたのは人間由来です。そして，道の脇の岩は事故環境の問題と見なせます。この三つの原因は事故において必ず何か絡んできます。この三要因のすべてがかかわってこない危険はほぼありません。

10.4 危険（要因）の認識

　本当に重要な危険要因は隠れて表には出てきません。危険要因分析はそれを表に出し見えるようにするために行います。でも，そのような危険要因を表に出すためには，なぜその危険要因は隠されているのかを理解しなければなりません。特に，危険要因の人間的側面は，報告者によりねじ曲げられます。

　確率的認識はしばしば根拠のない自信として現れます。自分は大丈夫，だからその危険は無視してもかまわないという態度につながります。俗にいうネズミ取り（スピード違反取締りなど）でつかまった時，「運が悪かった」という考え方です。そのスピード違反したという真の危険要因よりも，そこに白バイがいたことを不運だった，と危険要因をすり替えてしまいます。危険要因分析では「運が悪かった」という文言は使用禁止です。

　確信的認識はなにか事件が起きた時の近隣住民のコメントに見られます。危険な箇所や人物に対して「やっぱりねえ」，「いつかそうなるのではないかと」というように，以前からその危険を危険として認識していても，その危険をそのまま納得してしまい，対策をとらない態度につながります。そして，インシデントにあうと「わかっていた」という態度に変貌します。大事なのはなぜそれを放っておけたのかという点です。

　他力本願的，あるいは予定調和的な態度もよく見られます。根拠もなく「まあ，なんとかなるだろう」，「時間が解決してくれるだろう」という認識も，危険の放置につながります。どうしてそのように考えたのかを掘り下げなければなりません。

　そして，インシデントの人的側面を過大に見て，道義的責任に帰さしめるような他責的，自責的な分析も，真の危険要因を隠蔽します。幼稚園で追っか

けっこをして花瓶を壊した時に，直接その机にぶつかった子を「い〜けないン
だ，いけないンだ」とはやし立てるのは，他人を責めることにより自分の責任
を軽くして責任分担を回避するためです。また，自責的に「自分がちゃんとし
ていなかった」という形で自分の責任にして原因追究を終わりにしようとする
こともあります。でも，本質的になぜ「ちゃんとできなかった」のかを明らか
にしなければ，危険要因分析にはなりません。

10.5 魚の骨図を作成する

　危険を分析していくと，多数の小さなささいな危険要因により成り立ってい
ます。そのような小さな危険要因は，小さいゆえに見つけにくいものです。そ
れを見つけるためには組織的に網羅的に危険要因を分析しなければなりませ
ん。この章のゴールの魚の骨図の作成は，その手法のひとつです。この魚の骨
図の作成は「マインドマップ法」の一種です。ブレインストーミングの手法の
ひとつです。実際の魚の骨の例を**図 10.1** に示します。

　作業手順を以下にまとめます。

1) **項目を具体的にたくさん書き出す**

　　まず，その危険の原因であろうと思うものをできるだけたくさん，でき
れば 20 個ほど探して書きます。つぎに，魚の頭と背骨としっぽを描きま
しょう。

2) **それらを，設備，人間，環境に分類する**

3) **項目間の関係を考え，配置する**

　　20 個の人きな原因項目を大きく「設備」，「人間」，「環境」に分けて，
魚の背骨に配しましょう。

4) **「なぜ」を 5 回以上繰返し，項目を追加**

　　そして，その原因項目をさらに解析していきましょう。その原因の原因
はなにかを自問自答しましょう。そのような繰返しで「なぜ」を最低 5
回，それぞれの項目に対して行いましょう。そうすれば項目は 100 以上に
なります。これはトヨタ式といわれる原因分析法です。このとき，より具

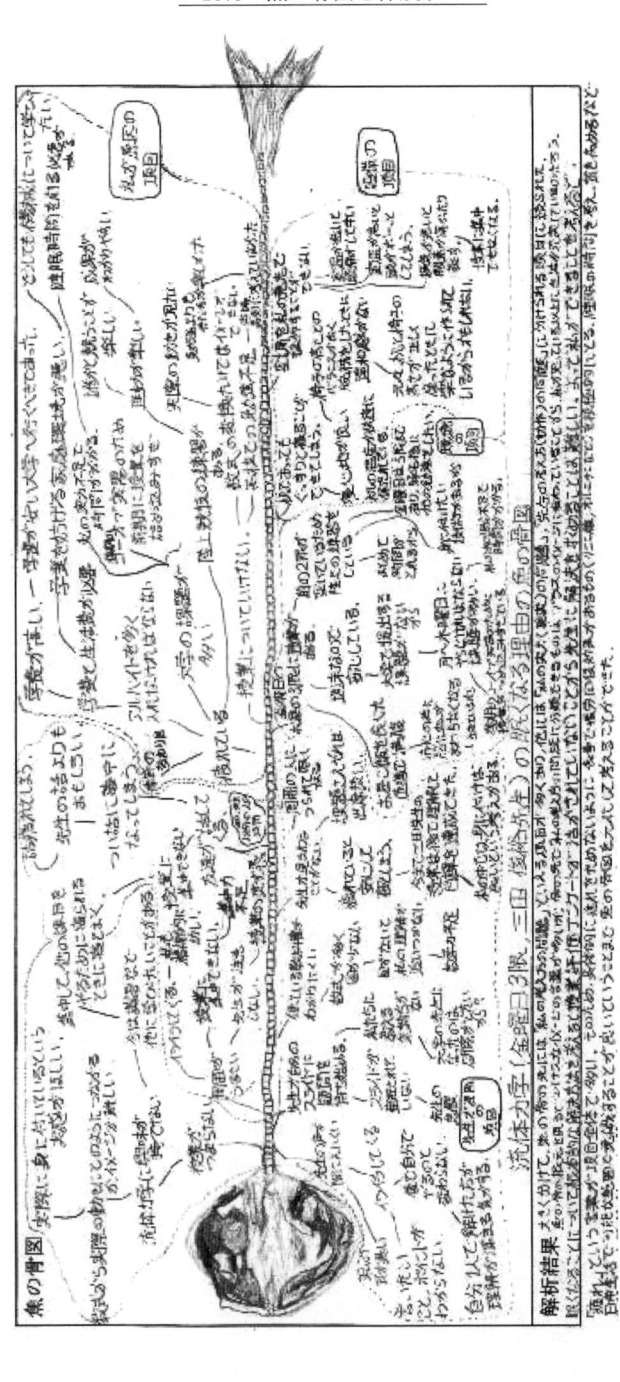

図 10.1 魚の骨の例

体的に記述的に「なぜ」を自問自答しましょう。そうすると，その状況が
より詳細に記述されます。さらに，無意識のうちに隠したがっている，で
も一番重要な原因が浮き彫りになってきます。

　その項目の間で関連の深いものを線でつなげましょう。実際の魚の骨と
は異なるややこしい入り組んだ骨ができます。その骨（関係線）がたくさ
ん集まっている（集中している）項目を見つけましょう。これがこの危険
の重要なポイントです。

5) 結論を文章にまとめて記載

6) 他人の検証を受ける

　最後に，その重要な項目をまとめて，危険の本質を $1 \sim 2$ 行の文章にし
ましょう。これで魚の骨図ができます。最初は，見本を参考に描いてみま
しょう。そして，その魚の骨図は，必ず他人の検証を受けましょう。その
結論は他人の共感を得ることのできるものでしょうか。

魚の骨図は実際に作ってみてください。魚の骨図を自由自在に描けるように
なれば，そのインシデントを客観的に見られるようになります。

【この章の課題】　魚の骨図を描く

　「講義を受けている時に眠くなった」を危険と捉え，その危険要因分析をし
ます。このとき，具体的に〇月〇日の〇限の〇〇先生の「〇〇学」の講義，と
明示します。この具体的な講義の具体的な事例であることは絶対です。無用な
衝突を避けるため，この部分の記述を曖昧にしたいのは理解できます。しか
し，これは安全工学にもとづく課題です。具体的な TPO が明示されていない
ものは意味を持ちません。

● 課題の講評について

　この課題評価は

① 具体的な講義名と講義日と教員名が記載されていることです。

② 多数の項目を記載しているかどうか。

③ 項目の枝分かれなどから5回なぜを繰返しているかは重要な評価ポイントです。単なる箇条書きでは魚の骨図にする意味を持ちません。

④ 全体のまとめとしての文章は，その分析に対して適切なものかをチェックします。自責的や他責的になっていないか，それを客観的に記述しているかどうかをチェックします。

● **課題を集計するとビッグデータになる**

著者はこの課題で学生の取り上げた講義を集計し発表しています。取り上げた学生さんの数の多い講義の上位5〜7番目まででほぼ80％をカバーできます。これは面白い（恐ろしい）ことです。つまり，学生さんの具体的に挙げる，眠くなる講義は共通しているということです。その原因としての科目の内容や教員の占める割合は高いということを示唆します。これはビッグデータとして興味深く，FD（ファカルティ・ディベロプメント，faculty development）のよい資料にもなりそうです。しかし，資料として横流しするときには，その旨を学生さんにお断りしておくことと，具体的な課題作成者の氏名を明かさないことは必要でしょう。

おまけのコラム：魚はなぜ左向きか

魚の骨図は頭を左側に，しっぽを右側に描きます。その理由には二つの可能性があります。これは物語の進行方向に関するルールによっています。演劇などの舞台では右側を上手（かみて），左側を下手（しもて）と呼びます。そして主人公は右側から左側に進んでいきます。

初代ガンダムではホワイトベースは左に向かって進みます。そしてジオン側は左から右のほうへ攻撃を仕掛けます。宇宙戦艦ヤマトでもイスカンダルへ行く時は左向きに進みます。そしてガミラスも左から右のほうへ攻撃を仕掛けます。ネット検索で「宇宙戦艦ヤマト」の画像を検索すると，ほとんどは艦首を左に向けた絵になっています。ヤマトの場合，イスカンダルから地球へ戻る時は右向きに帰っていきます。そのような暗黙の了解に従うと，見ている人は違和感を覚えません。魚の骨を用いて職場の問題を明らかにしていくことは，「進める」ことであり「挑戦すること」ですから，頭を左に向けるのはそのような積極性を示すと思われます。

また，日本料理で魚を皿にのせる時に，頭を左側にする習慣があります。

これもネットで画像検索するとほとんど左向きに皿に盛りつけられています。実際，魚屋さんでも頭は左側にすることが多いようです。課題を「俎上にのせる」わけですから，やはり頭を左にするほうが慣習的に正しいようです。

2016 魚の頭コレクション（レポートから）

11 安全対策の立て方

> **この章の結論**
>
> 安全対策は TPO によります。オールマイティな対策はありません。安全対策は防止対策だけではなく局限対策を考えましょう。対策は設備だけではありません。安全情報と安全教育は重要な防止対策・局限対策です。

11.1 TPO により異なる対策立案

明確な問いは明確な答えを想定していなければ生まれません。危険要因分析を行ったうえで具体的な危険要因を十分に示せたのなら，対策はおのずから明らかです。安全対策は発見された安全上の問題という「問い」に対する「答え」です。そして，その"安全対策＝最適解"は問題だけではなくその周辺や環境（TPO）により大きく異なります。TPO を無視して，教科書や事例集に記載されている対策をそのままあてはめてはいけません。そのような姿勢や行動は効率的に見えても，さらに大きな危険や問題を招きます。事故事例やその対策事例は参考に留めるべきです。必ず自分の作業環境や設備や構成員を具体的に意識して最善の対策を考えてください。

「因果」ということばがあります。原因があって結果があるという考え方です。しかし，因の種はそれだけでは発芽しません。土壌と水という縁があり初めて果として芽を出し花を咲かせます。これを仏教では「因縁果」というそうです。事故事例の「因果」は参考にできても実際のインシデントや問題の「縁」は現場により大きく異なるため，その「因果」部分だけを取り上げて一般化し，別の事例へあてはめることは危険です。安全は TPO に依存し，支配される「工学」です。

11.2　危険要因をなくすことはできない

　危険要因を限りなく減らしあるいは小さくすることはできても，完全になくすことはできません。1995 年に施行された製造物責任法（PL 法）のおかげで，家庭用の電気機器などは安全装置により，設備的に人間の失敗を補うようになってきています。それでも，限られた予算内で施せる安全対策は限られています。また，人間の失敗のすべてを想定できません。したがって，機械や技術を“絶対安全＝ゼロリスク”にはできません。設備的な安全対策により人間的な危険を完全に回避できるような技術は存在しません。ゼロリスクは幻想です。

　三波春夫の「お客様は神様です」というフレーズは本意[1] を離れ，しばしばクレーマーにより過度な要求を正当化する根拠にされてしまっています。同様に「安全第一」という標語の受け取り方も誤解されがちです。この標語は「製造現場では安全を何よりも大事に考える」ことを求める標語です。製造者の消費者への誓いのことばではありません。このような「ことば」の一人歩きは本音と建前の乖離を招き，誤解を招きます。

　ゼロリスクは幻想なのに，世間はゼロリスクが可能であるかのように捉えています。社会は事故の起きない状態しか安全とは認めません。そのため，ある製品を安全であると宣伝すると，ゼロリスクであると誤解します。もし，少しでも事故の可能性を明示すれば，その製品は危険なものと認知されてしまい，市場から排除されてしまいます。そのようなゼロリスクの誤解を建前として，社会的要請により作られている日本の法律は「事故は起きてはならないこと」としています。

　ゼロリスクは達成不可能であることを意識していても，技術者や科学者は「ゼロリスクを目指しています」という発展途上の表現で現状を表現します。すると，社会はこの表現を「ゼロリスクは達成可能な目標」とさらに誤解します。そのような状況で，もし正直にリスクを示せば，そのリスクの恐れを責められ，その製品は市場から排除されてしまいます。このようにリスクをマイル

ドな表現で隠し，ゼロリスクという建前は蔓延します。危険を無視した技術，想定していない技術は，少なくとも事故の発生までは「安全な技術」と認識されます。一方，正直にリスクを示す技術，危険の想定を徹底的に行った技術は「危険な技術」として淘汰されてしまいます。正直な技術は淘汰され，不誠実な技術が生き残るという困った状況を生みます。

　危険を正しく理解して危険と対峙するためには，リスクの存在を認めなければなりません。ゼロリスクは幻想であることを認めなければなりません。ゼロリスク幻想は危険から目をそらさせます。「存在しない危険は考えなくてよい」という油断を招き，安全対策を怠らす原因になります。

　製造における定常作業とは異なり，研究は「非定常作業」です。したがって，「リスクがない」はウソです，ありえません。ゼロリスク化は不可能です。また，研究に使う汎用性の高い機器は安全対策によりその汎用性を損なうため，最低限の安全対策しか施されていません。機器の使用者は機器に精通しているスペシャリストやプロであると想定されているため，人間の失敗を補う安全装置をあえて装備していません。だから，研究現場の安全対策は難しいものです。研究現場における対策のあり方は，装置的なものよりも人間的なものやシステム的なものやマネージメント的なものや教育的なものになります。フェイルセーフやフールプルーフを期待できません。

　また，そのような研究現場での安全対策は，多重的であるよりも多面的にしなければなりません。つまり，事故防止対策だけではなく，事故被害を最小化する局限対策も十分にとらなければなりません。ハードウェアの安全対策だけではなくソフト的な安全対策を必要とします。そしてなによりも，つねにトラブルやインシデントは発生することを前提に安全対策を立てなければなりません。

11.3　誰が安全対策を立てるのか：ボトムアップとトップダウン

　安全対策を立てるとき，ボトムアップとトップダウンのどちらで行うべきかはしばしば議論されます。ボトムアップでは組織全体の優先順位や組織間のバ

ランスをとれません。声の大きな部署の対策が優先されることになり，対策の穴や抜けが発生します。限られた人的資源・経済的資源を対策すべき危険に分配できません。一方，トップダウンでは，現場の危険を正しく把握できません。そして，安全推進を唱っても安全管理になります。そのバランスをとり，すりあわせるために職場安全委員会と法定安全衛生委員会の密なやりとりは必須です。しかし，多くの場合，法定安全委員会の決定事項を職場安全衛生委員会に「おろし」，職場から法定へは対応を「お願いする」パターンになりがちです。そこで，安全の知識を持ち，トップと現場を仲介する専門職は必要です。

　安全推進を目指すとしても，安全管理の必要な部分もあります。具体的には

① 法的規制のかかる作業関係，法手続きと対外報告，資格管理

② 特定化学物質など法的な規制のかかるもの，管理状況の把握

③ 特殊健康診断の実施

④ 安全教育実施報告書のとりまとめと管理

⑤ 災害報告・ヒヤリハット報告のとりまとめと各職場への配布

です。また，これらの活動はボトムアップを促すようにトップダウンで動かしていかなければなりません。

　理想としては，総括安全衛生管理者（大学なら予算権限を持つ学長や学部長，企業なら社長や事業所長）の号令により，ボトムアップで情報を集め，それをもとに事業所全体で対策を立てる組織運営が期待されます。実際には各部や組織のあげてきた安全対策の必要性を中央で審議して予算配分を決め，それを各部に分けるというやり方になるのでしょう。でも，このやり方では，声の大きな代表のいる部に予算はより多く振り分けられ，本当に対策を必要とする危険に必要な対策を施せないこともあります。また，大学などではその危険情報の報告により，研究室に不利益があるのではないかという猜疑心も生まれます。それでも，大学の学部や企業の事業所は危険情報を把握し，記録する努力を求められます。全組織的に危険を把握し公正に対策の優先順位を立てられる（さらに，秘密を守る，信頼される）専門組織を持つべきでしょう。本来，そ

のような作業は「安全衛生委員会」の機能のひとつです。しかし，安全衛生委員会は「立法府」であり「行政府」ではありません。その意味で安全衛生委員会のほかに，専門的な知識を有する実働隊，専門家組織を置くべきでしょう。

いずれにせよ，安全対策の立て方はその現場の TPO によります。したがって，そのような組織を置くか置かないかもまた，その現場の事情により異なります。大学なのか企業なのか，新人の多い現場か熟練者の多い現場か，流動性の高い現場か低い現場か，規模の大小，研究内容のバリエーション，などいろいろな要因を総合的に勘案してください。特に，バリエーションの多い大学のような研究組織では，各研究室の教員は安全に対する専門家にならざるをえません。そして，教員や管理職は“安全対策＝戦術”や，TPO を考えなければなりません。

11.4　防止対策と局限対策

安全対策には，そのインシデントそのものの発生を防ぐ防止対策と，そのインシデントの拡大を防ぎ被害を最小限に留めるための局限対策があります。日本人は防止対策には積極的です。しかし，局限対策はしばしば軽んじられます。これは「「防止対策が完全なら局限対策は必要ない」という考え＝ゼロリスク幻想”に起因します。先にも述べたようにゼロリスクはありえません。だから防止対策だけではなく局限対策もバランスよく行うべきです。火事を起こさなければ消火器は不要である，という考え方そのものが危険です。

また，言霊信仰も日本人の心に深く染みついています。「そんな事故のことを口にするなんて縁起でもない」という考え方です。この考え方に支配されていたら，事故を想定できません，またリスクアセスメントはできません。危険要因分析そのものを否定する考え方です。危険要因分析は想定外を想定するための手段です。でも，言霊信仰では想定外の事故を想定すると，その事故のほうがわざわざやってくると考えてしまいます。このような迷信は事故想定の障害になります。百害あって一利なしです。

さらに，日本は古来，天災に見舞われてきています。台風，地震，火山噴

火，大雪，冷夏，いろいろな天災により命の危険にさらされてきました。これらの自然災害の暴力は圧倒的で，人力人知は無力なため抗えません。そのため，「しかたがない」とあきらめてしまう習慣を得てしまいました。なにも対策しないことを肯定する社会の雰囲気も百害あって一利なしです。小松左京の『日本沈没』は日本 SF の最高峰だと思います。この小説の中で「日本国土が失われた時に日本人はどのようにするべきか」を有識者が検討するシーンがあります。その結論のひとつとして「国土と運命をともにする」というものがありました。小松左京はそのような日本人独特のメンタリティをこの選択肢で示していたと思います。

11.5　危 険 の 認 識

危険（リスク）は，"発生頻度（確率）×被害の大きさ"で定量化可能な科学的なものです。一方，危険の認識は主観的なもので，しばしば種々の心理バイアスにより過大評価や過小評価されます。その社会心理学に基づく詳細は 3 章で書いたとおりです。

しかし，同じリスクでも受け取り手の TPO によってその意味は異なります。例えば，治療法 A と治療法 B による 5 年間生存率はそれぞれ 30 ％と 50 ％の場合，医者の立場からは治療法 B はより優れた治療法です。しかし，患者にしてみれば，生死は確率の問題ではなく，生き延びるか死ぬかだけです。このように統計的な見地と個別的な見地からでは危険の捉え方は大きく異なります。同様に，危険の捉え方はその危険の当事者（被害者）か傍観者かでも異なります。

さらに，安全対策の対費用効果も重要です。「安全対策は金食い虫だ」という主張を聞きます。生産現場では，事故の発生はそのまま設備の停止や生産効率の低下につながります。金銭的に事故に由来する損失を理解できます。しかし，研究現場，特に大学の場合は，そのような金銭的損失は顕在化しません。そのため，安全対策には消極的になります。

著者は大学の化学の教員としては，学生のうちに一度は小爆発や小火（ボ

ヤ)を経験することを推奨(?)しています。肝を冷やすような爆発や破裂,消火器で火を消す経験を一度しておくと,その失敗の反省は深いものになりますし,2回目からは落ち着いて対応できます。"不可逆的な肉体的な被害=けが"などを負わなければ,そのような小事故の経験は学生の宝のような経験になります。ただし,そのような失敗を許すには,実験スケールを小さく抑えて,肉体的な被害を受けないような保護具を装着し,あるいは火が他に燃え移らないような5Sの徹底や(炭酸)消火器などの過分な局限対策,そして,それをサポートする教員や先輩の存在は必須です。局限対策で管理されているのなら,小爆発も爆竹遊びのようなもの,ボヤもキャンプファイヤーと一緒で取返しのつかないような事故にはなりません。

十分な対策のもとで学生のうちに失敗をしておいてください。失敗を経験させてやってください。それは学生を本当の意味で育ててくれます。社会人になってからの実験の失敗は,スケールも大きくなり被害も甚大になります。

11.6 リスクホメオステーシス

安全対策の進歩は,必ずしも事故の矮小化や被害の軽減につながりません。例えば,技術の進歩により車の走行システムは以前よりも安全になり,かなり高速でもカーブを曲がりきれないことはなくなってきました。しかし,それゆえに車に乗る人は以前より高速でカーブに入ることに躊躇がなくなり,結局のところ事故は減らないという結果になります。あるいは,カーブが多い峠越えの山道を迂回する直線のトンネルを作ると,そのトンネルでは山道に比べスピードを出せるし,集中を必要としなくなり,むしろ事故は起こりやすくなります。これはリスクホメオステーシスと呼ばれています。技術の進歩により所用時間の短縮などの利便は増します。しかし,安全的には事故を起こしやすくなり,被害は大きくなります。結局,設備の改善だけでは人間の油断を招いて"危険=リスク"の大きさはそれほど変わらなくなります。技術者はその技術の進歩だけではなく,その進歩に「慣れてしまった」人間のこころの動きを理解しなければなりません[2]。

　理系学部の学生の中には，大学の教養科目を軽んじる者もいるようです。しかし，新しい技術や科学の開拓にかかわる者は，その技術や科学を利用する「人間」も理解しなければなりません。新しい技術を開発する研究現場の者だからこそ，心理学のような人文科学系科目や法学などの社会科学系科目もしっかりと学ぶべきです。

11.7　想定される被害を意識して安全対策を考える

　安全対策の目的は被害を受けないこと，与えないことの両方です。自分が被害者にならないこと，加害者にならないことです。したがって，「被害」を理解しなければなりません。被害は，直接的なものから間接的なもの，あるいは俗にいう風評被害のような理不尽なものまで多岐にわたります。ここでは受ける主体で被害を五つに分類してみます。それは，肉体的被害，精神的被害，経済的被害，社会的信用被害，環境被害です。

　一つ目は，当事者の健康被害・肉体的被害です。これについては解説を必要としないでしょう。

　二つ目は，当事者の精神的被害です。ある作業中にトラブルを起こしてしまうと，その作業を恐がります。まして，他人を傷つけ，あるいは自分が大けがをすれば，その作業を見聞きしただけで身がすくみ，体が動かなくなります。このような精神的被害，トラウマ，心的外傷等と呼ばれる被害は，目に見えないために軽視されがちです。しかし，被害者本人にはとても深刻なものです。

　三つ目は，財産に対する被害・経済的被害です。大学で起こる事故は当事者や指導者へ経済的被害を与えます。医療費や損害補償などお金で償えるものならよいのですが，時間や障害はいくらお金を積まれても取返しがつきません。

　四つ目は，社会的信用被害です。一人の不安全行動ですら組織の社会的信用を失墜させ，企業を潰してしまうこともあります。

　五つ目は，環境被害です。生態系や環境の汚染や破壊は人類全体の損失です。

これらの被害をその被害主体で分類すると，その防止対策，局限対策を立てやすくなります。

11.7.1 健康被害・肉体的被害の防止対策（肉体を守る服装と保護具）

作業時の服装や保護具は肉体の被害を避けるための安全対策です。防止対策にも局限対策にもなります。しかし，作業や TPO に適した保護具を使わなければ，むしろ危険を招きます。

詳細は 4 章から 7 章をご参照ください。

11.7.2 健康被害・肉体的被害の局限対策（医療，シャワー，洗眼器）

健康被害や肉体的被害の局限対策は，まず応急処置，そして「専門医療」です。薬品を扱う実験室には洗眼器や緊急シャワーを備えましょう。薬品をかぶった時は白衣や衣服を脱がして，躊躇なく水で全身を洗い流しましょう。女の子でもセクハラを気にせず，服を脱がしましょう。

眼の関係の事故は重大災害になりやすいものです。だからこそ，その防止対策として種々の作業における保護メガネの着用は必須です。それでも眼に傷害を負った場合は，すぐに医療機関での治療を受けましょう。眼に薬品が入った時は，洗眼器で薬品を洗い流した後に，すぐに医療機関で治療を受けましょう。

医療は肉体の局限対策としては最後の砦です。しかし，お医者様に無条件に依存することは危険です。お医者様の治療は「対処療法」です。

ベンジルブロミドは催涙性を持つ薬品です。使用後のガラス器具は局所排気設備の中にしばらく放置し，揮発させてから洗わなければひどい目にあいます。前述（5.6.1 項）のように，私の不在時に，避難訓練に遅れまいと焦った学生が，ベンジルブロミドを使った後のガラス器具を急いで洗おうとしてお湯をかけ，揮発した薬品を吸ってしまって，目に痛みを覚え医務室に運ばれるという事態がありました。この時，避難訓練の審査のためにお医者様が不在だっ

たので，看護師が対応しました。彼の症状はただ「目が痛い」でした。そこで看護師は洗眼を行いました。しかし，症状はなかなか改善しませんでした。その後，私もそこに合流し実験の状況などから「鼻腔の洗浄」を提案したのですが，「目が痛いと訴えている」ということで，結局，彼は長時間の苦痛を免れませんでした。正しい治療には正しい診断とそれに必要な正しい情報を必要とします。その正しい情報は，実験者本人しか持っていません。意識を失うような事態では情報は伝わらず手遅れになります。そのような場合に備え，実験ノートをしっかり書かせることも重要です。

11.7.3 精神的被害の防止対策（教育）

精神的被害の防止対策は，その作業の危険性を熟知しておくことです。予習により「正しく怖がれる」ようになります。予想されたトラブルによる精神的な被害は小さいものです。しかし，思いもよらないトラブルは「恐怖」を覚えます。そのようなトラブルは前述（3.2節）のスロビックの11因子の「未知・慣れない原因による危険の場合」になるため，実際よりも1000倍も恐ろしく感じ，強い恐怖を心に植え付けます。したがって，精神的被害の最善の防止対策は，危険要因をしっかり把握し理解しておくこと，予習することです。

11.7.4 精神的被害の局限対策（医療と教育）

精神的被害の局限対策は医療と教育です。もちろん，PTSD（心的外傷後ストレス障害）になるほどの恐怖を覚えたのなら，医療の出番です。しかし，それほどではないレベルなら，現場の指導者の出番です。トラブルの恐怖は伝染します。特に，事故原因が明確でない場合は周りの者に恐怖は伝染します。それを避けるために，指導者はできるだけ早い時期にそのトラブルの原因を解析・解説し，周囲の者を納得させることです。事故原因を理解できれば，その回避方法も容易に想定できます。すると，そのトラブルはスロビックの11因子の「被害を個人的努力で回避できない場合」なものではなくなるので，本人も周囲の者も恐怖心を格段に軽減できます。

11.7.5　経済的被害の防止対策・局限対策（保険）

　経済的被害には有効な防止対策はありません。経済的な被害の防止対策は，トラブルを起こさないことです。ですから，あえて防止対策を挙げるならトラブル回避のための予習を行うことです。

　経済的被害の局限対策は「保険」です。大学の学生なら「学生教育研究災害傷害保険（学研災）」へ加入させてください。また，学生自身が研究活動における加害者になることもあります。学研災の「付帯賠償責任保険」への加入を求めましょう。そのような保険に加入していない者には，研究活動を行わせないようにするべきです。これは自動車の「自賠責」と同じく，最低限の義務と心得ましょう。指導者は，皆が保険でカバーされていることを確認ください。

11.7.6　社会的信用被害の防止対策・局限対策

　企業でも，大学でも社会的信用を落とすのは，トラブルや事故そのものよりも，それに対する不誠実な態度です。一人の社員の不正が会社全体の信用を失わせ，会社を殺すこともあります[3]。構成員は「正直・誠実であること」，「一人ひとりが組織の看板を背負っている自覚」を持たなければなりません。そのためにはその組織に対する帰属意識は必須です。会社組織なら，金銭的な流れから会社への帰属意識が保証されます。朝の朝礼での社歌斉唱はその帰属意識を涵養（かんよう）するひとつの方法です。一方，大学では若い研究者の高い流動性から，大学への帰属意識は弱まっています。さらに，大学の一つひとつの研究室は，それぞれ会社のようなもので，その外部である大学へのトラブルの通報には強い抵抗を感じます。そのために，大学からの情報公開は遅れ，あるいは対応が後手後手に回り，外部からは誠実さを欠いているように思われてしまいます。これを防ぐためには，研究室のメンバーあるいは学生からの“「内部告発」＝組織内告発”を正しく受け取り対応する組織と文化を必要とします。

　大学でも企業でもニュースになるような事故を起こしてしまうと，その社会的信用被害は甚大です。昔なら隠蔽できた，していたようなボヤ火災も，いまは Twitter などで情報が拡散され，隠せません。つぎの日には「まとめページ」

にその Twitter の内容がまとめられています。昔のような情報を遮断する方式の対策は無効果です。ならば，積極的に情報公開しましょう。正しい情報をTwitter よりも先に公開すれば，Twitter は速報情報ではなくなり，拡散される情報は公式情報により制御できます。よからぬ噂を封じ込めることができます[4]。

　かといって，本当に小さなトラブルまで露悪的に露出するのは，また，社会的信用を毀損します。どのトラブルに組織として対応するのか，そのトラブルにどのように対応するかの判断は，TPO により大きく異なります。一概に判断できるものではありません。無用な社会的な不安をかき立てることを避けるために，隠せるのなら隠しておいたほうがよい，内々に処理したほうがよいトラブルも確かに存在します。

　そのようなトラブルの情報について迅速に判断し，広報するための危機管理責任体制，広報体制の構築は必須です。

11.7.7　環境被害の防止対策

　企業や大学の環境に対する取組みは，いまや当たり前の責務です。特に大学のように環境保全に対する知識の乏しい学生を抱える組織では，入学時の教育（雇い入れ時教育）や各実験前の教育（作業内容変更時教育）で，具体的にその組織での TPO に応じた対応を，「この組織での対応」として教えなければなりません。教育は最高の環境汚染防止対策です。

　ゴミの分別や捨てる際のマナーなどは企業や大学により大きく異なります。また，実験排水をどのように廃棄するのかは，その実験ごとに大きく異なります。このような教育は研究室のレベルだけではなく，全組織的にも行うべきです。特に化学物質の廃棄法は，化学系だけではなく，他分野の研究室にも周知徹底させなければなりません。

　だいぶ前ですが，塩素系溶媒を機械油の拭き取り溶剤として使用している研究室で，使用済み溶剤の付着した雑巾を洗った汚水を流しにそのまま流したというトラブルがありました。このような溶剤は化学系では塩素系の溶媒として

認識されています。しかし，機械系ではそれぞれの商品名で呼ばれ，その組成は認識されません。また，その商品名からはその洗浄用溶剤の組成をうかがい知れません。そのため，使用後に拭き取った油と溶剤のしみ込んだ雑巾を，石けんのような界面活性剤を使ったときと同じように流しで洗ってしまい，その洗浄水を流してしまいます。このようなトラブルを防止するためには，現場の教員や学生の組織的な教育が必要です。そして，そのような教育の実施のために，安全担当者による各研究室の購入品の把握は必要です。

11.7.8 環境被害の局限対策（処理システム）

先の塩素系溶媒の検出事例は，排水の定期的なモニタリングで見つかりました。環境被害を最小限に抑えるためにも，局限対策としてのモニタリングは必須です。また，廃棄物の適切な処理，信頼できる業者への引渡しは重要です。

産廃業者の選定は慎重に行わなければなりません。その選定基準を「処理価格」で決めるのは危険です。廃棄物処理法（廃棄物の処理及び清掃に関する法律）では，「第三条　事業者は，その事業活動に伴って生じた廃棄物を自らの責任において適正に処理しなければならない」と規定しています。つまり，排出事業者の処理責任を明確に示しています。その処理の委託にも，厳密な手続き（契約やマニフェスト）や処理状況の確認が定められています。つまり，委託したら責任はなくなるわけではないということです。いい加減な産廃業者を選ぶことは危険です。

大学はかなり大量の古紙を排出します。この古紙回収の業者へは古紙の重さ当りで回収費用を払います。したがって，単価の安い業者を選ぶのは当然です。しかし，業者を変えたところ，単価は確かに安いけども排出量が格段に増えたことがありました。これは，その新しい業者が，雨の日に回収し野ざらしで濡らしてから重さを計り，代金を請求していたからだそうです（伝聞）。産廃関係の委託業者選定は何よりも信頼関係を大事にして下さい。

以上，11.7.1〜11.7.8項に示した被害主体で分類した防止対策，局限対策をまとめると**表11.1**のようになります。

表 11.1　被害の種類とその対策

被害の種類	防止対策	局限対策
肉体的被害	保護具，保護メガネ，マスク，白衣，作業着，安全柵，部屋の仕切り，カーテン	医療，シャワー，洗眼器
精神的被害	安全教育	安全教育，医療
経済的被害	学生教育研究災害傷害保険	損害賠償責任保険
社 会 的 信 用 被 害	情報公開，教育	情報公開，責任体制
環 境 被 害	教育，システム	処理システム

11.7.9　教育と情報は重要な安全対策

　以上のように，教育とその教育で伝える情報は重要な安全対策であることがわかります。労働安全衛生法でも，教育を安全対策の重要な柱として定めています。そして，そこで伝達される安全に関する TPO をふまえた情報は重要です。安全教育を行ったことは「安全教育実施報告書」に記録しておきましょう。これは教育する側と，教育された側のマニフェストです。そのような内容の教育を行ったかについても資料として蓄積しましょう。そのような蓄積は安全推進の大きな糧になります。

　医療機関で治療を受ける場合も，情報は重要です。特に，化学物質がらみの時，そのトラブルの原因が明らかでないと，根本的な処置ができません。

　医療機関にはかからなかったのですが，私は学生時代にホスゲン（$COCl_2$）を嗅いで気持ち悪くなる経験をしています。局所排気設備下の実験装置内でホスゲンを合成し，そのまま反応に使用する実験でした。反応が終了したと勘違いし，装置を解体しかけたところ，嫌な刺激臭を感じました。その時，私は大きな声で「ホスゲン！」と叫びました。幸いに，少し気分が悪くなっただけ（おそらく精神的なもの）で済みました。また，同じ実験室の人は無事に退避しました（あとで，罰金代わりにみなにケーキを奢りました）。このとき，大声で叫んだのは，このトラブルの数日前に，実験中のトラブルで青酸ガスを吸ってしまった学生さんが「青酸！」と叫んで倒れたけども，そのおかげで適

切な処置を受けて死なずに済んだという話を（確か）Anthony T. Tu 先生の雑誌『現代化学』か『化学』の連載で読んでいたおかげでした（どっちの連載だったか失念しました。ご存知の方は教えてください）。正しいトラブルシュートは正しい情報を必要とします。

11.8　安全対策立案の手法

　企業の安全活動としては，危険予知訓練のようなトラブル想定，ヒヤリハット報告などのトラブル報告，そのような想定や報告に基づく改善提案，そして 5S 活動などを挙げられます。

　危険予知訓練は，職場安全委員会などの集会で行われるものです。危険要因を含む写真やイラストを見て，どのような危険を予想しなければならないかをブレインストーミングする活動です。日本自動車連盟（JAF）の月刊誌である『JAF MATE』の真ん中あたりに，運転者向けの危険予知訓練の題材が掲載されています。

　ヒヤリハット報告については，つぎの 12 章で扱います。

　改善提案は，安全だけに限らず，広く日本の製造現場で行われている効率化のための活動です。これについてはそれだけで多くの参考書が出ています。

　5S 活動は「整理・整頓・清掃・清潔・しつけ」の五つの S を積極的に行おうというものです。この 5S 活動は，職場によっては 4S（整理・整頓・清掃・清潔）あるいは 3S 活動（整理・整頓・清掃）の場合もあります。大学などの研究教育機関では「しつけ」まで含めた 5S が適切でしょう。この 5S はきわめて当たり前のことを当たり前に行うことを述べています。しかし，実際にこの 5S を実践することはなかなか難しいことです。偉そうなことをいっていますが，私の机の上や書架も，この 5S からはほど遠く，必要な書類や文献を探すために多大な時間をロスしています。

11.9　安全対策立案の阻害要因

　理（ことわり）として安全対策を立てても，「いや，これは非現実的だ」とか「この対

策には問題があるなあ」とか，文章化し，公表する前に却下してしまいがちです。このような安全対策立案の阻害要因の多くは「情」に起因します。

　特に，トラブルそのものを他人に知られたくない「恥」の意識は，大学の研究室で顕著です。私自身も研究室内のお茶会で笑い話のように失敗談を語ることに抵抗はなくても，それを研究室外に公開することには大きな抵抗を感じます（この本を書くことは，私には清水の舞台から飛び降りるような思い切りを必要としました）。以前，大学でヒヤリハット報告書を収集したところ，私の研究室からのヒヤリハット報告が全体の4割を超え，学内で一番の危険地帯と認識されてしまいました。

　このような恥の意識は，帰属意識のありかによります。研究室内は身内です。しかし，大学内は身内ではないということです。会社でもセクショナリズムの横行している場合，派閥のある場合は，そのようなことになるのでしょう。この解消は簡単ではありません。組織全体の一体感の醸成は難しい課題です。

　また，前例の踏襲も対策立案を妨げる誘惑をします。新しい対策を立てて，しかし，失敗したらその責任は立案者に帰してしまいます。一方，前例を踏襲するのなら，その責任は前例の立案者になり，自分は安全地帯にとどまれます。それならば，よりよい対策案を持っていても，提案しないほうが賢い，となります。

　さらに，原因の転嫁も対策立案の邪魔をします。暗い道に街灯を置けば，自転車事故を減らせるのに，「そこで事故を起こすのは暗いからというより，自転車のマナーが悪い，無灯火であることが問題だ」という論理です。もちろん，無灯火は大きな要因です。しかし，それを街灯を作らない理由にするのはおかしなことです。

　そして，対策立案しても，それを上記のような形で却下されてしまうことこそ，対策立案の最大の障害です。労働安全衛生法で「総括労働安全管理者」を事業所の長とするのは，予算権限を持つ者でなければならないからです。そのような安全対策を，予算を理由に却下してしまうことをできるだけ避けるため

です。

　安全対策の立案に定式はありません。模範解答はありません。ケース・バイ・ケースです。職場により，同じ職場でも TPO により，対策は異なります。よかれと思った対策も，大きな危険の種となることもあります。安全対策の立案に責任を持つ者は，現状をよく把握したうえで最善の対策立案を促すことを求められます。

　対策立案の責任者には，その事象（危険・リスク）を多方面からしかも系統的に観察し検討することを求められます。まず，設備，人間，環境を意識しましょう。現場の人とブレインストーミングしましょう。その時，まずはたくさんのアイディアを出してもらいましょう（最低10個）。しかし，その中の最初の二つ三つはおそらく陳腐なもので，使えません。また，ブレインストーミングで出た，奇想天外なアイディアを簡単に棄却しないようにしましょう。その奇想天外なアイディアをどうしたら現実的なものに改良できるのかを考えましょう。その職場の常識ではこれまで危険を排除できなかったのですから，常識外の奇想天外な考え方の中に有効なアイディアはきっと隠れています。その実現のためにこそ責任者の常識力を最大限働かせてください。

【この章の課題】

　この回の課題は時事問題から出しました。

　結果論になるが，福島原子力発電所はどのような安全対策を行うべきであったか（どのような安全対策が欠如していたか）。取材をもとにできるだけ「多方面から」，事故原因（事実）と為すべきだった対策（あなたの意見）を簡潔に具体的に述べよ。そして，最低2件（そのほかに最初に思いつき棄却した原因だけを2件），出典とともに記せ。事実を記載している文献を必ず記載すること。記載のない場合，記載をもとに容易にたどり着けない場合は評価しない。

● 出題意図

　多面的な対策をたくさん考えると，どうしても奇想天外なものが出てきま

す。この奇想天外なものを「無理」と無下に否定するのではなく，まじめに考えてみることに，この出題意図があります。奇想天外なものを残し，常識的なものを切り落とすため，「まず最初に，原因として思いついた2案を棄却させる」。

● この課題の学生のレポートから

原子炉と冷却ポンプを15mの崖の上に作っておけばよかった[5]，という解答がありました。しかし，これは無茶です。

加圧型の揚水ポンプを崖下に置けば15mの揚水は可能でしょう。しかし，ポンプが津波にやられた可能性が高い。一方，吸引型の揚水ポンプを崖の上に置いても，10mまでしか揚水できません。

奇想天外な対策でも，自然界の法則に反するものは許されません。

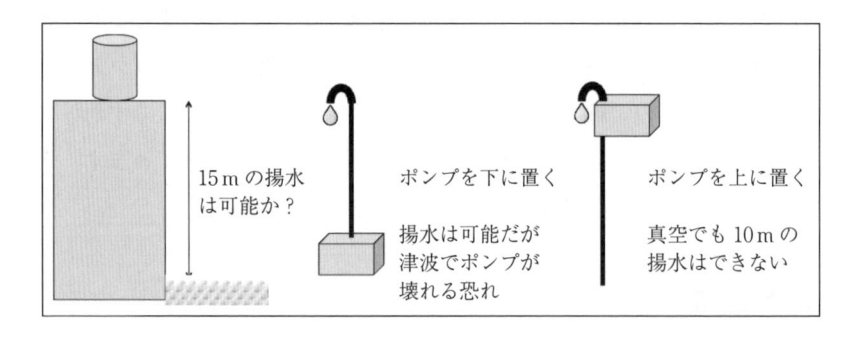

ヒヤリハット報告書

> **この章の結論**
>
> ヒヤリハットは，危険要因を知るための重要な情報源です。活用しましょう。
> ヒヤリハット報告書は，トラブルの始末書ではありません。安全対策の起案書です。

12.1 よ く あ る 話

この本では，読者を幹部候補生以上の方と設定しています。したがって，この章ではヒヤリハット報告書の書き方と同時に，書かせ方についても述べます。読者は書かせる立場で読むようにしてください。

次ページの光景はよく見かける光景です（いや，大学教員としては見かけたくない光景ですね）。「反省だけならサルでもできる」は 1990 年代のチオビタドリンクという栄養ドリンクの CM のコピーです。反省そのものにはあまり価値はありません。指導者としてはその反省の波及効果に期待したいものです。事故やトラブルは隠したいものです。それをあえて公開し，経験を共有することにより事故やトラブルの再発防止は可能になります。その意味で，ヒヤリハットは単なる事故報告書でも始末書でもありません。事故再発防止の起案書であるべきです。

事故やトラブルは起こるものです。だから，発災者に謝罪や精神的な反省を求めてはいけません。犯人扱い，罪人扱いするのはもってのほかです。事故やトラブルの責任を求めてはいけません。求めてよいのは，つぎの事故やトラブルを未然に防止するための，正確かつ精密な報告義務です。発災者を責め萎縮させてしまうと，正確な精密な報告を得られなくなります。大事なことは，類似トラブルの防止です。そして，その被害の最小化です。それは使用者・指導

「こわれちゃった？」，じゃなくて「こわしちゃった」だろ。センセーは君のことを怒っていないからな。なにがまずかったのかなぁ？「運が悪かった？」なるほどね。続けて五つもこわすのは，かなり運が悪かったんだろうなぁー。いや，センセーは怒っていないってば。「間が悪かった？」そりゃ，続けて五つもこわすのは，かなり間も悪かったんだろうなー。泣きながら言い訳しなくてもいいからネ。センセーは怒ってないしぃ。

よくある光景

言い訳はもういいから，どうしたら再発防止できるのかを考えてごらん。「ちゃんと気を付けて作業するぅ〜？」センセーしまいにゃ怒るよ！

者の責任です。起こった事故や事故の種から学ぶ方法，そのひとつがヒヤリハットです。事故やトラブルは隠したいけど，それをあえて公にする環境を醸成するのも，安全に責任を持つ者の使命です。あえて，発災者を先生とし，学びましょう。

12.2　書　　　式

あなたの職場のヒヤリハット報告書は「細微小災害報告書」や「事件・事故報告書」を流用したものではありませんか。このような報告書の書式では，「始末書」になります。ボトムアップの安全対策の起案書にはなりません。その起案書の中には，つぎに起こりえる事故やトラブルの回避策やそのヒントを含んでいなければなりません。そのような情報を引き出す仕掛けを書式に組み込まなければなりません。

また，大多数を熟練者の占める企業とは異なり，大学の構成員は未熟な社会常識さえも不十分な学生です。そのトラブルは多岐にわたります。それを教員

が一つひとつ二人三脚でヒヤリハットを書かせていたら，どれだけ時間があっても足りません。まだ未熟な学生でも書きやすい書式を用意してください。

　以下は，そのような書式の一例です。

ヒヤリハット報告書

報告日：平成　　年　　月　　日

いつ	どこで	だれが

何が起きたか

被害・損失	処置状況

原因分析	応急対策案
・思考	
・認知	
・動作	抜本的対策案
・体調	
・環境	
・その他	

現場教官コメント・指示	職制上位者コメント・指示

原因分析は，以下の選択肢の中から選んでください。該当するものがないときは書き加えてください。

思考：	忘れた；予想しなかった；大丈夫だと思った；思い違いをした
認知：	よく見えなかった；気がつかなかった；見落とした；複雑でわかりにくかった
動作：	やりにくかった；無理をした；いらんことをした
体調：	疲れていた；イライラしていた；心配事があった；飽きていた
環境：	乱雑であった；保護具をしてなかった；保護具がなかった

　まずはこの書式に記入させて，指導者はその事例を大づかみにしてから，特に重要な事例や公開により波及効果の大きな事例について，報告者に書き直しを指示し，ヒヤリハット報告書を完成させましょう。

12.3　ヒヤリハット報告書の書直し指導

　百聞は一見に…です。実際に提出されたヒヤリハット報告書の書直し指導の例を示しましょう。

　最初に提出された報告書は**図 12.1**（ａ）のようなものでした（「報告日」と「誰が」は変えてあります）。

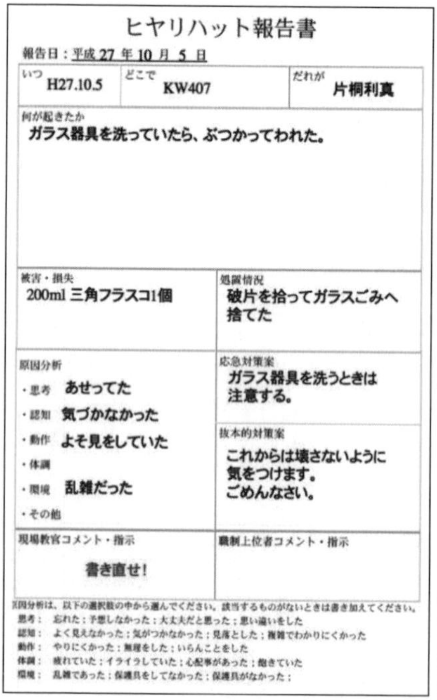

（ａ）　もとの報告書 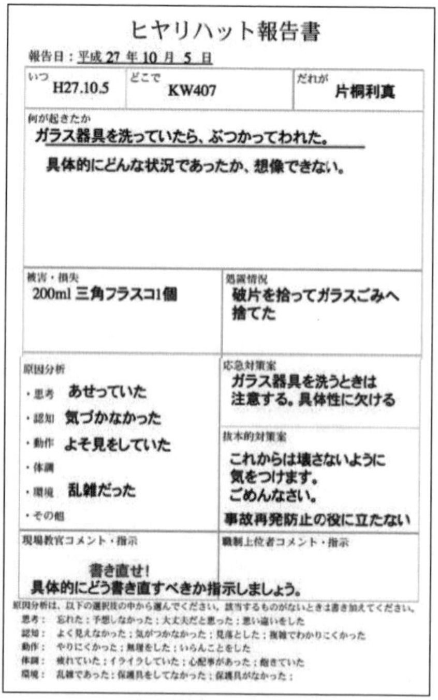　　　　　（ｂ）　書き直し指示内容

図 12.1　ヒヤリハット報告書

　もとの報告書では何が起きたか，その情景を頭の中に再現できません。三角フラスコが成仏できません。化けて出てきます。図（b）のように書き直しを指示しました。

　実際には，このヒヤリハット報告書をもとに，「なぜを5回繰返す」ことにより，本当の原因が見えてきました。

　この指導によって，より記述的に書き直された報告書を以下に示します。

　このヒヤリハット報告書の抜本的対策を実施しました。写真で示します。

　ヒャクブンハイッケンニシカズ，です。写真はヒヤリハット報告書をわかりやすくします。価値あるものにします。写真を多用して下さい。

ヒヤリハット報告書

報告日：平成 27 年 10 月 5 日

いつ H27.10.5	どこで KW407	だれが 片桐利真

何が起きたか
流しでガラス器具を洗うために、バケツの中に洗剤溶液をいれ、そこへ浸けた。その後に洗おうと、バケツから引き上げようとしたところ、ぬれたゴム手袋が滑り、三角フラスコがつるんと飛び出して、流しの縁にあたり、割れてしまった。次に流しを使いたい人がいたため作業を急いで行なっていた。

被害・損失	処置情況
200ml 三角フラスコ1個	破片を拾ってガラスごみへ捨てた

原因分析	
・思考　あせっていた	ガラス器具を洗うときは浅い桶を使う。滑りやすいラテックスの手袋は使わない
・認知　気づかなかった	**抜本的対策案**
・動作　よそ見をしていた	流しの縁にゴム板を貼り付ける。流しの底にクッションを敷く。
・体調	
・環境　乱雑だった	
・その他	

現場教官コメント・指示	職制上位者コメント・指示
抜本的対策をすぐに実施すること。	

原因分析は、以下の選択肢の中から選んでください。該当するものがないときは書き加えてください。
思考：忘れた：予想しなかった：大丈夫だと思った：思い違いをした
認知：よく見えなかった：気がつかなかった：見落とした：複雑でわかりにくかった
動作：やりにくかった：無理をした：いらんことをした
体調：疲れていた：イライラしていた：心配事があった：飽きていた
環境：乱雑であった：保護具をしてなかった：保護具がなかった：

12.4　指導者に求められるもの

このような指導は，以下の点について留意しなければなりません。

・失敗を絶対に責めない，非難しないこと。特に「ちゃんとやれ！」という
　ような道徳的責任を問わないこと。すなわち，ヒヤリハット報告書の作成
　は，再発防止が目的であることを意識すること。「トラブルを憎んで人を
　憎まず」を徹底することです。

・5W1H を意識して書かせること。いつ，どこで，誰が，どうして，どう
　なった，を明示すること。具体的に，客観的に，記述的に書かせること。
　曖昧な表現を許さないこと。

・原因解明には「なぜ」を 5 回繰返すこと。説明を聞き，具体的にトラブル
　が頭の中で再現されるかをつねに意識すること。再現できないところに
　「真実」があります。このようなトラブルでは本当のことは隠したいと思
　います。でもそれが一番明らかにしたいことです。この事例では，「せか
　されたこと」を他責的になり男らしくないから，ということで，報告者は
　隠したかったようです。

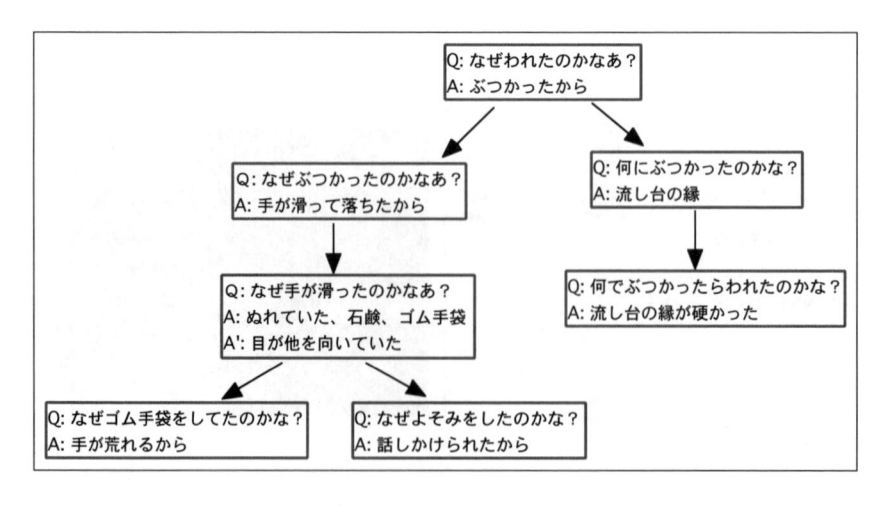

事故や事故の種から学ぶためには指導者のセンス・想像力が重要です。

必要ならヒヤリハット報告への報奨を考えてください。トラブルや事故を起こした者へ賞金を出すのは泥棒に追い銭のような気がするかもしれません。しかし，ヒヤリハット報告の報奨は事故を起こしたことへの賞金ではありません。報告への賞金であると割り切ってください。これで大事故を防げたら，安いものだと考えましょう。

そして，ヒヤリハット報告書を書かせ，改善案を出させたら，必ず実施してください。報告書を放置したり無視したりしないことです。その対策が多少失敗しても，無効でもかまわない，害にならなければよいと割り切ってください。指導者が取り組む姿勢を見せることはなにより重要です。

● **実　例**

表12.1にヒヤリハットをもとにした，化学実験室での改善例を示します。

ヒヤリハット報告書を作成する側に求められるのは，まず，そのヒヤリハット・インシデントをヒヤリハット事例として認識する感受性・取材力。つぎに，そのヒヤリハットの意味を正しく受け取るための基礎知識・理解力。そして，発生理由を冷静に客観的に定量的に分析する分析力・思考力。そして最後にそのヒヤリハットを誤解なく報告書の形で報告するコミュニケーション能力・表現力が求められます。

また，ヒヤリハット報告書を書かせることは，一朝一夕にできることではありません。まず，ヒヤリハット報告書を出すことに抵抗のない職場環境・人間環境作り。つぎに，出てきたヒヤリハット報告書から真に対策すべき問題・課題を選定する，そして報告書から本当の問題点を拾い上げることのできる慧眼^{けいがん}を持つ指導者の育成。そして，ヒヤリハット報告書で出てきた問題解決のために対策する予算権限者の覚悟は必須です。このどれか一つが欠けていても，ヒヤリハット報告書はうまく回らず，継続しません。

【この章の課題】　実際に自分の経験したヒヤリハット報告書を作成

自分でヒヤリハット報告書を書く訓練をしてみましょう。そして，それを指

表 12.1　ヒヤリハットをもとにした，化学実験室での改善例

例	ヒヤリハット	改善例	写　真
例1	掲示がボロボロで読めなくなり，指示が伝わらなかった。	掲示をラミネートする。	
例2	終夜実験でトラブル，誰に連絡すればよいのかわからなかった。	終夜実験に担当者名を表示する札を作製。	
例3	廃溶媒が揮発して臭い。	廃溶媒タンクごとパッキンの付いたゴミ箱に入れる。	
例4	床に置いてあったガロン瓶を蹴っ飛ばして割ってしまった。	ガロン瓶輸送用の段ボール箱を利用した破損・転倒防止。	

導者の立場で客観的に見直してみましょう。まずは，事故再現ビデオで，自分の責任のない事例についてヒヤリハット報告書を書いてみましょう。事故再現ビデオを用いると，具体性は高いので，過剰に思い入れを起こすことなく書けます。

　つぎに，自分の職場でヒヤリハット事例を探してみましょう。1～2週間，意識していれば，何件かのヒヤリハットに遭遇します。実際に被害はなくても，ヒヤッとしたりハッとしたりすることは必ずあります。下記の報告書はそのような例のひとつです。

● この課題の学生のレポートから

ヒヤリハット報告書

報告日：平成 28 年 9 月 21 日

いつ	どこで	だれが
7/19　9:23	メディアホール前の ゆるやかな 階段 研A から メディアホールへ向かう 階段	

何が起きたか

晴れたり曇ったりしていた日の朝
タイルが白いので太陽光が反射し，上から見た時に
段差が確認しづらく足を踏み外しそうになった。
（足を踏み外してはいない。）

被害・損失	処置状況
なし	なし

原因分析	応急対策案
・思考　別の事を考えていた	本部棟前のように段差に印をつける
・認知　明るく見えなかった	
・動作　早歩きをしていた	抜本的対策案
・体調　前日の夜中までレポートを書いていたため，目がしょぼしょぼしていた	同上
・環境　曇っていたが光が強かった	
・その他	

現場教官コメント・指示	職制上位者コメント・指示

原因分析は，以下の選択肢の中から選んでください。該当するものがないときは書き加えてください。
　思考：　忘れた；予想しなかった；大丈夫だと思った；思い違いをした
　認知：　よく見えなかった；気がつかなかった；見落とした；複雑でわかりにくかった
　動作：　やりにくかった；無理をした；いらんことをした
　体調：　疲れていた；イライラしていた；心配事があった；飽きていた
　環境：　乱雑であった；保護具をしてなかった；保護具がなかった

下から見ると段差はわかるが

上から見ると段差は
よくわからない。

13 安全巡視

この章の結論

　ヒヤリハットが「待ち」の姿勢の危険要因の調査なら，安全巡視は「攻め」の危険要因調査です。また，職場安全巡視は労働安全衛生法で義務づけられている安全のための活動です。形骸化させずに活用しましょう。

13.1　職場安全巡視の心得

　安全衛生のための産業医による月1回の職場巡視や衛生管理者による週1回の衛生巡視は，労働安全衛生法や労働安全衛生規則に定められたものです。大学でも安全衛生を意識するための巡視活動を実施しましょう。

　先の12章で述べたヒヤリハット報告は散発的です。インシデントに際してその報告を行うものです。異常事態を通しての問題発見です。それに対して，安全巡視は通常業務上の問題の発見です。その意味で，ヒヤリハット報告と安全巡視は相補的な関係です。安全巡視はできる限り系統的に体系的に行ってください。そのための「目」を養うのが，この13章の目的です。

　研究内容や実験の種類に応じて，あるいはTPOに応じて，それぞれの研究室や実験室にはそれぞれの安全のガイドラインやノウハウがあります。一方，職場安全巡視は外部の人間によります。事業場に責任を持つ方や産業医，ほかの部署のメンバーにより巡視は行われます。ほかの部署の方の視点や安全の専門家の視点は，その研究室や実験室のいままで看過していた危険の種を見つけるよいきっかけになります。反面，その研究室や実験室の事情を十分に理解していない巡視者は「標準とは異なる」，「自分の部署のやり方とは違う」と思い，その研究室の運営者と意見を衝突させることもあります。

　その職場の安全を推進する立場の人には，この衝突の緩和材，クッションの

役割を期待されます。そして，その衝突をチャンスに変えることを期待されます。TPO により異なる安全対策の通訳です。そのような職場の安全推進者はその研究室や実験室の安全ガイドラインの特殊性を理解しなければなりません。そのためには，まず世間一般の安全対策やその着眼点を理解しなければなりません。そのための広範な安全の基礎知識を持たなければなりません。

　また，消防署や都道府県による公的な検査（インスペクション）は法的な基準をもとに行われます。したがって，安全推進者は安全関係の法律について，特にその運用について十分な知識を必要とします。

　安全巡視や検査を「抜打ち」で行ってはダメです。十分な準備期間の後に準備状況を確認して，そのうえで行いましょう。準備により解決できる危険要因は，すでに現場の人たちに危険要因と認識されているものです。それを巡視の場で指摘しても，時間の無駄です。むしろ，きちんと準備したうえで，それでも他者から見て危険の種と認識される事項は，それまで現場で気がつかなかった危険要因です。それを見つけるための安全巡視です。ルーチンの危険事項の指摘を巡視者にさせて無駄な時間や労力を使わないように，安全推進者は準備を行いましょう。また，準備をさせましょう。

　以前，職場安全巡視のメンバー（随行員）として，半導体材料の研究室を訪れました。そこはいろいろな半導体材料の結晶を自慢げに展示していました。その中に引上げ法で作成した「GaAs」の単結晶もありました。「これ，ヒ素ですよね。ここに置いておいてよいのですか？」と指摘したところ，指摘された人は「えっ！？　だめなの？　でも確かにヒ素だなあ」との返事でした。彼は，単結晶は「有毒元素を含む物質」と認識していなかったようです。そのような「発見」のために職場安全巡視を行いましょう。

　安全巡視には「基礎的な知識」が必要です。法律違反は外部巡視で問題にされます。安全に関する法律についての理解は必須です。そのほかにも社会常識や公序良俗についても十分な知識を必要とします。

　つぎの節では，安全巡視の注目点と，個々の分野の安全巡視に必要な知識をまとめます[1)～3)]。

13.2　職場安全巡視の実際

　以下は，そのような安全巡視を行う際に，あるいはその前にその部屋の使用者が何に注意してどのような対策を立てるべきかについて，共通性の高い注目点などを簡単にまとめたものです。もちろん，職場の事情，TPO により詳細は大きく異なるべきものです。以下のチェックポイントはあくまでひとつの参考とご認識ください。

13.2.1　巡　視　準　備

巡視メンバーと持ち物についてです。

★ 巡視メンバー

・産業医，巡視専門家（衛生管理者）

・研究所長，学部長，学科長などの改善の予算権限を持つ者

・主席研究員，教授，教員などその部屋の管理責任者

・事務職員，記録係

★ 持ち物

・必ず持参するもの：カメラ，指し棒，巻き尺，懐中電灯，各人の安全センス

・できれば持参するもの：検電器，照度計，騒音計

13.2.2　巡　視　者　の　心　得

　巡視者は系統的に網羅的に，全能力で巡視を行うことが求められます。そして，気がついたことをしっかり記録し，改善を促すことが求められます。

★ 巡視は系統的に網羅的に行うこと

・危険3要因「設備・人間・環境」の観点から，問題点を洗い出すこと。

・被害5対象「肉体的・精神的・経済的・社会的・環境的」の観点から，危険をあぶり出すこと。

・5S「整理・整頓・清掃・清潔・しつけ」の観点から，人を観察すること。

・「平常時，非常時（地震・火災）」の可能性から，想像力を働かせること。

★ 巡視者は五感と第六感を総動員すること。

・視覚だけに頼らないこと。聴覚・嗅覚も重要な情報。異常を感じたら測定装置で可視化，定量化しておくこと。

・第六感は無意識の統合です。なにか心に引っかかったら，それを無視しないこと。

・少しでも引っかかったら，部屋の管理者や使用者に遠慮なく質問すること。

★ 発見した危険要因は小さなものでも記録すること。

・百聞は一見にしかず。文章だけではなく，写真を撮ること。

・その際，使用者や利用者のコメントも記録すること。

・よいところも同様に記録し，ほかの部署へ広報し，勧奨すること。

・報告書は，必ず，視察当日のうちに作成すること。

★ 事前に部屋の管理責任者と巡視項目について打合せをすること。予習は大事です。

・巡視の際には，毎月の重点項目を定め，その点を念入りに行うこと。

・抜き打ち検査はダメ。事前に重点項目を周知すること。巡視の目的はあらさがしではなく，安全な環境や職場を作ることです。

13.2.3　巡 視 の 実 際

〔シーン1〕建物の外回り

● 環　境

・建物周囲の崖：土砂崩れの恐れはないか，斜面は養生されているか，排水は適切か。

・倒れやすい木（ヒマラヤ杉）：街路樹も根っこが腐っていると危険（葉の茂りを見る）。曲がって生えている木はないか。

・倒れにくい木（ケヤキ）：根っこが石畳を浮かす。根っこに引っかかる恐れあり。

・水脈・土質の把握：扇状地は特に注意すること。

● **花壇，植込み**

・違法植物：大麻，ケシ（アツミケシ）はないか。

・グリーンテロ：栽培の制御できない植物例：タケ，ササ，ワルナスビ，ミント，ドクダミ，オキザリス，クズ，ほか，制御できなくなるほどの繁殖力を持つ雑草はないか。

・虫：蚊，毛虫などの発生はないか。スズメバチの巣などはないか。あれば適切に駆除する。

● **建物外においてあるもの**

・ベランダのゴミ，落ち葉：火災の原因となるので片付ける，掃除すること。

・エアコン室外機：しっかり固定されているか。ネジは緩んでいないか。台座などは錆びてはいないかをチェック。

● **ゴミ集積場**

・可燃物：古紙や可燃物は放火の対象になる恐れあり。要注意。

● **建物の外面**

・壁の割れやヒビ，階段や地面のヒビ：その原因はなんでしょうか。建物の下に隙間などが生じていないか。台座との間に隙間が生じていないか。

・窓ガラスの割れやヒビ：犯罪を誘発するので直すこと（破れ窓理論）。

● **駐輪場**

・放置自転車：定期的な確認と撤去を行うこと。

・落ち葉などのゴミ：駐輪場はゴミがたまりやすいので要注意。

● **喫煙所**

・灰皿：消火状況（煙をあげていないか），床や壁面にこげ跡はないかをチェック。

・美観：ヤニ汚れ，吸い殻の散乱など不快なことはないか。

● **石畳，敷石**

・割れ：原因はなにか。つまずく恐れはないか。

・段差：認識しやすいか，認識しにくいなら印や表示を入れること。

● 段　差

・形状：直線的でない段差・規則的でない段差はつまずきやすい，将来の改装時に改善する。

・色：認識しやすいか。いろいろな天候を想定する。白い階段は晴天時に認識しにくい。黒い階段は曇天時や夜に認識しにくい。

● 柵

・色：認識しやすいか。いろいろな天候を想定すること。

● その他

・ガス配管，水道配管，下水配管，などの配管：その周囲に段差は発生していないか。

〔シーン2〕建物の共有部分（ホール，ロビー，廊下）

● 階　段：緊急時に駆け降りる時に危険はないか，駆け降りてみて怖くないか。

・ステップ：高低差は大きくないか。高低差やその幅は規則的か。

・手すり：手を滑らせる恐れはないか，滑った時にけがをしないか，末端はどのような形状か。踊り場にも手すりはあるか。

・階段の出入口：物を置いていないか，地震時に動いて塞ぐ恐れはないか。

・階段スペースの物品：物を置いていないか。

・照明：明るさは十分か。非常灯は機能するか。

● ホール：特に落下物を意識する。

・天井：構造的に天井板，舞台照明やスピーカーははずれないか。

・壁，掲示物：構造的にはがれてこないか。掲示物を留める方法は適切か。

・床の段差：認識しやすいか。

・床の材質：滑らないか。特に雨天時などで濡れた時に滑りやすくはないか。マットなどを置いてある場合はマットごと滑らないか。

・什器，自動販売機など：耐震固定されているか。

● 防火扉：ちゃんと動くか。可動範囲に荷物を置いていないか。開閉の取っ手

はわかりやすいか。

● **トイレ**：男女別か。清潔か。扉や壁に穴などあいていないか。

　・個室の鍵：壊れてないか。簡単にかかるか。

　・照明：照明は適切か。明るすぎないか。暗すぎないか。

　・個室：不審な荷物や穴はないか。不快な落書きはないか。

　・表示：男性トイレ，女性トイレの表示はわかりやすいか。

　・鏡：しっかり固定されているか。きれいか。

　・洗面台：洗面台は清潔か。水はしっかり出るか。

● **給湯室**：清潔か。

　・冷蔵庫：定期的に内容物の確認をしているか，所有者不明のものを廃棄しているか。

　・ポット：安定な場所に置かれているか。落下の恐れはないか。

● **エレベーター**：少しでもおかしいと思ったら，担当者へすぐに連絡すること。

　・定期点検：行われているか。記録はあるか。

　・異常な振動はないか。停止位置は適切か（床面との間に段差ができていないか）。

　・扉の開閉はスムーズか，異常動作はないか。

● **廊　下**

　・廊下の什器：廊下には什器を原則置かないこと。置く場合は背の低いものでも耐震固定すること。通路幅が十分に確保できるように。

　・床の段差：段差はないか。斜面はないか。段差のある場合は，認識しやすく表示されているか。斜面部分は表示されているか。

　・床の材質：滑らないか。特に雨天時に濡れた場合に滑らないか。

　・掲示物：画鋲などが落ちていないか。一時的なものは掲示板を利用しているか。恒久的なものはラミネートなどがされているか。見苦しくないか。

　・消火器・消火栓：前に物が置かれていないか。収納庫はすぐに開く状態か。

　・非常口表示：廊下のどこからも確認できるか。

〔シーン 3〕 部屋の扉周り：避難経路の確保

- **扉の窓**：外から室内の貴重品は見えないか（泥棒は必ず下見します。防犯の
  ため，貴重品は廊下から見えないところに置きましょう）。
  - ・防犯：盗みの下見を阻害するように，有価物（金庫やコンピューター）は
    室外から見えないところに置くこと。
  - ・ハラスメント防止：密室化していないか，ハラスメント防止のために内部
    を可視化すること。
- **扉周辺の什器**：転倒や移動により扉の開閉を邪魔する什器はないか。
  - ・実験室の扉は外開き，または引き戸が好ましい（一方，事務室はぶつかり
    防止のため，内開きが一般的）。必要なら改装時に直すこと。

〔シーン 4〕 学生居住スペース，事務スペース，教授室

- **通路の確保**：最狭部で 80 cm 以上の幅があるか。地震発生時に脱出路は確
  保できるか。
- **室　温**：温度計は設置されているか。10℃以上 28℃以下であるか。
- **換　気**：嫌な臭いはないか。息苦しくないか。換気は十分か。
- **音**：騒音はないか。重低音や振動はないか。イヤホンやヘッドホンは使用し
  ないこと。大きな音で音楽など流さないこと。
- **什器の耐震固定**：固定されているか。扉のない棚は落下防止されているか。
  1.8 m よりも高い位置に固定されていない物品はないか。
- **本　棚**：棚の耐震固定はされているか。重い本や硬い本は上段に配置されて
  ないか。上の段には柔らかな軽い本を配置すること。
- **机**：机上は整理整頓されているか。椅子の後ろは十分なスペースを確保して
  いるか。
- **電気コード**：床を這わせていないか。たこ足配線はないか。コードやプラグ
  に焦げはないか。コードの固定法は適切か。コードの上を椅子
  などの車輪が通ることはないか。
- **コンセント**：焦げはないか。緩みはないか。隙間はないか。ホコリはたまっ
  ていないか。異音はしていないか。

- **掲示物**：絵や額や時計はしっかりと固定されているか。セクハラにあたるグラビアポスターなどは貼っていないか。
- **救急箱**：常備されているか。利用可能か。薬は古くないか（使用期限）。
- **防 犯**：貴重品を机上に放置していないか。
- **掲 示**：必要なもの「避難路の掲示」などは恒久化（ラミネート）されているか。
- **灰 皿**：室内に灰皿は置いていないか。
- **緊急設備**：停電時に使える懐中電灯や非常灯はあるか。その場所は周知されているか。電池は切れていないか。点灯するかを確認。

〔シーン5〕**実験スペース**

- **固 定**：固定していない高価な機器は地震時に転落して壊れる。固定すること。
  - ・実験台の固定：地震時に移動しないように固定されているか。
  - ・機器の固定：不安定になっていないか，実験台などから落ちないか。
  - ・ボンベの固定：転倒防止はなされているか。ボンベ架台の使用を推奨する。
- **装 置**：装置ごとに安全巡視のポイントは異なる。共通項目のみ。
  - ・マニュアル：マニュアルや作業標準書は準備されているか。電子媒体だけでなく，印刷体はあるか。
  - ・記録：動作確認記録や使用記録は行われているか。
  - ・加熱：異常過熱はないか。ヒーターの断線や短絡はないか。電源容量は適切か。装置のコンセントは熱くなっていないか。
  - ・冷却：冷却水は漏れていないか。ホースなどの冷却水路は適切に固定されているか。
  - ・設置：壁面や他の機器から適切な距離を離しているか。
- **電 気**
  - ・配電・端子：むき出しの高電圧高電流端子や電源系はないか。
  - ・配電盤：分電盤前に荷物が置かれていないか。

・電源コンセント：コードは許容容量の範囲か。

・必要なアースの設置はされているか。

● **機　械**

・回転体，移動体：回転体やベルトには適切なカバーを掛けているか。

・スイッチ：起動用押しボタンは埋め込みまたは囲みがあるか。

・可動範囲の表示（トラテープなど）は設定されているか。安全柵の位置高さ固定はしっかりしているか。

・工具類の 5S は行われているか。

● **化　学**

・薬品：毒劇物は鍵のかかる保管庫に保管されているか。保管庫は施錠されているか。鍵の管理方法は適切か。

・保管庫には「医薬用外毒物」（赤地に白字），「医薬用外劇物」（白地に赤字）の表示がなされているか。

・可燃物は着火源から十分に離れた位置に保管されているか。

・水銀器具：水銀器具は 2020 年に廃棄できなくなる。いまのうちに見つけ出して廃棄すること。

・ボンベ：適切に配置されているか，可燃ガスと酸素を近くに置いていないか。

・特定化学物質について：MSDS を入手しているか，学生は MSDS のありかを周知しているか。

・消火器は適切なものが配備されているか。

・局所排気設備（ドラフト）：排風速度は十分か。モーター音の異常はないか。

・粉塵作業は適切な局所排気設備内で行われているか。

・有機溶剤の臭いはないか。悪臭はないか。

● **倉　庫**

・棚：耐震固定されているか。棚の強度は十分か。過積載はないか。

・通路：通路幅は十分か。緊急時に避難できるか。

・高所：高所の収納物は重くないか。落下時にけがの恐れはないか。

・脚立：足の滑り止めはあるか。柱にゆがみや曲がりはないか。平らな場所
で使用されているか。正しく使用されているか。

● 学　生

・服装：実験に適切な服装をしているか。特にアクセサリー類に注意。

・保護具：安全メガネなどの適切な保護具を着用しているか。

・態度：ふざけていないか。おしゃべりで不注意になっていないか。

・携帯電話：実験スペースで携帯電話をいじっていないか。

・飲食：実験スペース内に飲食物を持ち込んでいないか。

・作業：適切な作業椅子があるか。

● 掲　示：恒久化（ラミネート）されているか。

・保護具の装着を促す掲示はされているか。

・緊急時の対応の指示（マニュアル）が明示されているか。

・緊急時連絡先が表示されているか。

・避難経路が示されているか。

・その部屋特有の危険性についての掲示（有機溶媒，特化物，放射性，レー
ザー，高電圧，回転体）などの危険情報を明示しているか。

〔シーン6〕教　　　室

● 天　井：天井に水漏れのシミはないか。プロジェクターはしっかりと固定さ
れているか。

● 照　明：切れている蛍光灯はないか。

● 窓・扉：開閉はスムーズか。避難経路として邪魔になる障害物はないか。

● 床：ぬれたりしていないか。滑りやすくなっていないか。

● 机・椅子：壊れたりしていないか。座面に傷など彫られていないか。書込み
はないか。

● 教　卓：教卓周りにゴミなどを放置していないか。忘れ物を放置していない
か。

● 黒　板：使えないチョークを放置していないか。粉がたまっていないか。黒

板消しはきれいか。

- その他：表示や掲示がはがれかけていないか。

〔シーン7〕ヒヤリングとヒヤリハット報告書の活用

- 学　生：ヒヤリハット報告書を作成しているか（1年間に1人2通は提出する）。
- 教　員：環境安全委員会にヒヤリハット報告書を提出しているか。
- 閲　覧：ヒヤリハット報告書を閲覧できるようにしているか。情報を共有しているか。

〔シーン8〕改善の指示と改善の報告

- 改善の指示：巡視後に具体的な改善箇所の指摘と，方針の提示はされているか。
- 改善の報告：改善の指示を受けた場合は，改善前と改善後の写真を添付した報告書を作成して報告すること。

【この章の課題】

キャンパスにある AED を探せ！

（1）どこにあるかを把握して記載すること。

（2）その置き場所を明らかにしている「情報源・ソース」をできるだけたくさん挙げる（3件以上）。

- **出題意図**

安全工学を机上の学問にしないためには，実際に目と足を使うことが必要です。「取材」の評価です。どこにあるかはわかって当たり前，その情報源を複数・できるだけたくさん調べる取材力，それをレポートで正しく記述する表現力を求めます。

- **この課題の学生のレポートから**

キャンパス内の AED はその存在がいろいろな媒体，例えば「学生便覧」や「安全の手引き」のような印刷物，地図看板，建物入口の表示などで公表され

ています。そのような「表示」を意識してもらえました。また，AED 講習会に興味を持つ学生も散見されました。しかし，情報ソースとして「事務の方や警備の方に問い合わせる」者が多数現れ，事務部で混乱を招いてしまいました。ご迷惑をおかけしました。さらに，「先輩のレポート」を情報源として挙げた猛者もおり，課題の難しさを感じました。

引用・参考文献

【まえがき】

1) 北川敬三：基本安全工学，海文堂出版（1982）

【1章】

1) 槌田 敦，JCO 臨界事故調査市民の会：東海村「臨界」事故 ― 国内最大の原子力事故・その責任は核燃機構だ，高文研（2003）
2) 村上陽一郎：科学・技術と社会 ― 文・理を越える新しい科学・技術論，光村教育図書（1999）
3) 北川敬三：基本安全工学，海文堂出版（1982）
4) 武田邦彦：日本人はなぜ環境問題にだまされるのか，PHP 研究所（2008）
5) 矢沢 潔：地球温暖化は本当か？ ― 宇宙から眺めたちょっと先の地球予測，技術評論社（2007）
6) 岡本裕一朗：意義あり！生命・環境倫理学，ナカニシヤ出版（2002）
7) 大前研一：Harvard Business Review，2007.12.9
8) 日本化学会：日本化学会会員行動規範，日本化学会（2008）
9) 電気学会：電気学会倫理綱領，電気学会行動規範（1998 制定，2007 改正）
10) 日本機械学会：日本機械学会倫理規定（1999 年承認，2013 年改正承認）
11) 中村収三：実践的工学倫理 ― みじかく，やさしく，役にたつ，pp.60 〜 62，化学同人（2003）
12) 札野 順：新しい時代の技術者倫理，放送大学教育振興会（2015）
13) 岩崎将基：東京大学法科大学院ローレビュー（2008.3.30）
14) 大分地判昭和 46 年 11 月 8 日判時 656 号 82 頁

【2章】

1) 郷原信郎：「法令遵守」が日本を滅ぼす，新潮社（2007）
2) 岡 四郎：労働安全衛生リスクアセスメント ― 中小企業のための解説テキスト，p.4，文芸社（2015）
3) 杉光一成：理系のための法学入門 ― 知的財産法を理解するために，法学書院（1995）
4) 新田次郎：ある町の高い煙突，文春文庫（1978）

5)　青木雄二：ナニワ金融道，講談社（1990）

6)　時事通信（2011.5.16）

7)　石橋克彦 他，東京電力福島原子力発電所事故調査委員会：国会事故調 報告書，徳間書店（2012）

8)　日本経済新聞（2014.9.11）

9)　時事通信（2011.6.8）

10)　読売新聞（2011.4.12）

11)　山陽新聞（2011.10.6）

【3 章】

1)　村上陽一郎：安全と安心の科学，集英社（2005）

2)　大野竜三：タバコとわたしたち，岩波書店（2011），など

3)　Y.Hayashi：PRESIDENT, **42**, 5, pp.38 ～ 41（2004）

4)　P.Slovic：Perception of Risk, SCIENCE, **236**, pp.280 ～ 285（1987）

5)　シーア・コルボーン，ダイアン・ダマノスキ，ジョン・ピーターソン・マイヤーズ 著，長尾 力 訳：奪われし未来（増補改訂版），翔泳社（2001）

6)　厚生労働省：平成 26 年（2014）人口動態統計（確定数）の概況，p.16（2015.9）http://www.mhlw.go.jp/toukei/saikin/hw/jinkou/kakutei14/dl/00_all.pdf [†]

7)　警察庁交通局交通企画課：交通事故統計（平成 28 年 10 月末），p.5（2016.11.15 公開）

8)　ダン・ガードナー 著，田淵健太 訳：リスクにあなたは騙される，早川書房（2009）

9)　山田玲司：非属の才能，光文社（2007）

10)　河北新報（2011.11.26）

11)　NHK スペシャル取材班：巨大津波 ― その時ひとはどう動いたか，岩波書店（2013）

12)　柳田邦男：フェーズ 3 の眼，講談社（1987）

【4 章】

1)　齋藤正昭：手術用ゴム手袋信仰と有機溶剤，Isotope News, 735, pp.36 ～ 38（2015）

2)　M.Blayney, J.Winn and D.Nierenberg：Handling dimethylmercury, Chem. Eng. News, **75**, 19, p.7（1997）

3)　G.L.C.M.van Rossen, H.van Bleiswijk：Über das Zustandsdiagramm der Kalium-Natriumlegierungen, Z. Anorg. Chem., **74**, S, pp.152 ～ 156（1912）

4)　T.Katagiri, F.Obara, S.Toda, and K.Furuhashi：Synthesis of Trifluorolactic Acid from

---

†　URL は，2018 年 1 月に確認。

1,2-Epoxy-3,3,3-Trifluoropropane. -One Pot Tandem Ring Opening — Oxidation Reaction of Epoxide —, Synlett, pp.507 ～ 508（1994）

5）L.Bretherick：Handbook of Reactive Chemical Hazards, Butterworth（1985），吉田忠雄，田村昌三 監訳：危険物ハンドブック，pp.430 ～ 444，丸善（1987）

6）T.Katagiri, F.Ozaki, Y.Tanaka：A preparation of 3,3-difluoropyruvate from trifluoroacetic anhydride, J. Fluorine Chem., **130**, 7, pp.682 ～ 683（2009）

【5 章】

1）Anthony T.Tu：事件からみた毒 —トリカブトからサリンまで，化学同人（2001）

2）J. エムズリー 著，山﨑 昶 訳：殺人分子の事件簿 —科学捜査が毒殺の真相に迫る，化学同人（2010）

3）田中真知：へんな毒すごい毒，技術評論社（2006）

4）死に至る薬と毒の怖さを考える会：図解中毒マニュアル —麻薬からサリン，ニコチンまで，同文書院（1995）

5）暮らしに潜む危険を考える会：図解中毒マニュアル PART 2 —戦場から身近かな台所まで，同文書院（1995）

6）John Emsley 著，渡辺 正，久村典子 訳：毒性元素 謎の死を追う，丸善（2008）

7）船山信次：図解雑学 毒の科学，ナツメ社（2003）

8）大木幸介：毒物雑学事典 —ヘビ毒から発ガン物質まで，講談社（1984）

9）M.D.Hollingsworth：CHEMICAL SAFETY: Triphosgene warning, C & E News, p.4（1992, July 13）

10）舟阪 渡 編：弗素化学，p.97，南江堂（1963）

11）里美 宏：ちょっと待って！フッ素でむし歯予防？ —ちいさい・おおきい・よわい・つよい，p.36，ジャパンマシニスト社（2006）

【6 章】

1）関西電気保安協会ホームページ
http://www.ksdh.or.jp,
YouTube，関西電気保安協会チャンネル
https://www.youtube.com/user/KSDHCH

2）あきやまひでき：かびんのつま（ビッグコミックス全 3 巻），小学館（2014, 2015）

3）国立がん研究センターホームページ
http://www.ncc.go.jp/jp/topics/pdf/20110628.pdf

4）東京電力パワーグリッドのホームページ：よくあるご質問
http://www.tepco.co.jp/ps-engineering/denjikai/denjiha08-j.html

【8章】

1) 司法試験予備校事件判決（東京地判平成 13 年 5 月 16 日）については文科省の Web ページに報告書が掲載されている。
http://www.mext.go.jp/b_menu/shingi/bunka/gijiroku/012/021002f.htm

2) 産經新聞（2016.4.16）

3) サーチナ（2016.1.8）
http://www.searchina.net/

4) インターネット上にはいろいろなネチケットが配布されています。例えば
高橋邦夫，ネチケットホームページ
http://www.cgh.ed.jp/netiquette/rfc1855js.txt

5) 週刊東洋経済（2016.12.10 号）：特集「情報の裏側」，p.40，東洋経済新報社

【9章】

1) 国民生活センター：家庭内事故 — その実態を探る（1999.6.4）
http://www.kokusen.go.jp/pdf/n-19990604_3.pdf

2) 東京都健康長寿医療センター プレスリリース（2013.12.11）
http://www.tmghig.jp/J_TMIG/release/release25.html

3) NHK News Web（2017.3.1 21:49）：和歌山と立川の集団食中毒 ノロウイルスの遺伝子型一致
http://archive.fo/0wrkV

4) かがわ糖尿病予防ナビのホームページ
http://www.pref.kagawa.lg.jp/kenkosomu/tounyounavi/

5) 芳賀 繁：事故がなくならない理由 — 安全対策の落とし穴，PHP 研究所（2012）

6) 船山信次：特集 大麻・カンナビノイド セミナー アサと麻と大麻，ファルマシア，**52**，9，pp.827 ～ 831（2016）

7) 内山奈穂子，花尻瑠理：特集 大麻・カンナビノイド 話題危険ドラッグと合成カンナビノイド，ファルマシア，**52**，9，pp. 855 ～ 859（2016）

8) 厚生労働省ホームページ：報道発表資料＞ 2017 年 5 月＞平成 28 年の労働災害発生状況を公表
http://www.mhlw.go.jp/stf/houdou/0000165073.html

9) 警察庁ホームページ：平成 29 年中の交通事故死者数について
https://www.npa.go.jp/news/release/2018/20180103001nenntyuu.html

10) 警察庁ホームページ：平成 29 年中における自殺の状況 速報値
https://www.npa.go.jp/safetylife/seianki/jisatsu/H29/H2912jisatu_sokuhou.pdf

11) キンバリー・ヤング 著，小田嶋由美子 訳：インターネット中毒，毎日新聞社（1998）

12) 正高信男：ケータイを持ったサル —「人間らしさ」の崩壊，中央公論新社（2003）

13) 正高信男：他人を許せないサル，講談社（2006）

【10 章】

1) 月刊ビジネスアスキー編集部 編，ブザン教育協会 監修：ペンとノートで記憶に残す！アイデアがわき出る！本当に頭が良くなるマインドマップ®"かき方"超入門，アスキー・メディアワークス（2010）
2) トニー・ブザン，バリー・ブザン 著，神田昌典 訳：ザ・マインドマップ®，ダイヤモンド社（2005）
3) 若松義人 監修：世界ナンバーワン「トヨタ式」実践ノート（別冊宝島 1963 号），宝島社（2013）

【11 章】

1) 三波春夫オフィシャルサイト：http://www.minamiharuo.jp/profile/index2.html
2) 芳賀 繁：事故がなくならない理由 ― 安全対策の落とし穴，PHP 研究所（2012）
3) 週刊エコノミスト（2002.10.8）：「社員の不正」が企業を殺す
4) 田中正博：改訂版 実践 危機管理広報，時事通信社（2011）
5) 日本経済新聞（2011.4.9）

【13 章】

1) 菊池 昭：リスク発見のための職場巡視 ― 見る巡視から考える巡思へ，中央労働災害防止協会（2008）
2) 中央労働災害防止協会 編：チェックリストを活かした職場巡視の進め方，中央労働災害防止協会（1996）
3) 森 晃爾：写真で見る職場巡視のポイント，労働調査会（2006）

さらに学びたい方の参考図書

【I 部扉：安全工学をより深く学ぶための参考図書】

* 各事業所には「安全の手引き」や「職場安全マニュアル」のような指示書きがあると思います。まずはそのようなローカルな指示書きを必ず読みましょう。

・日本化学会 環境・安全シンポジウム：この一年でどう変わった大学等の環境安全管理，日本化学会（2005）
・日本化学会 環境・安全シンポジウム：今大学等が問われる環境安全管理，日本化学会（2002）
・Kathy Barker 著，濱口道成 監訳：アット・ザ・ヘルム，メディカル・サイエンス・インターナショナル（2004）

- Carl M. Cohen, Suzanne L. Cohen 著, 浜口道成 監訳：ラボ・ダイナミクス — 理系人間のためのコミュニケーションスキル, メディカル・サイエンス・インターナショナル（2007）
- 畑村洋太郎：図解雑学 危険学, ナツメ社（2011）
- S. ケイシー 著, 赤松幹之 訳：事故はこうして始まった！ — ヒューマン・エラーの恐怖, 化学同人（1995）
- 小林孝雄：【要点丸暗記！】衛生管理者 第1種・第2種 合格テキスト '16年版, 成美堂出版（2015）
- 中村昌允：製造現場の事故を防ぐ 安全工学の考え方と実践, オーム社（2013）
- 村上陽一郎：安全学, 青土社（1998）
- 日垣 隆：いのちを守る安全学, 新潮社（2001）
- 田辺和俊：ゼロから学ぶリスク論, 日本評論社（2005）

【1章】

安全工学
- 加藤尚武：災害論 — 安全性工学への疑問, 世界思想社（2011）
- 畑村洋太郎：失敗に学ぶものづくり, 講談社（2003）

科学哲学
- 村上陽一郎：人間にとって科学とは何か, 新潮社（2010）
- 齊藤了文：〈ものづくり〉と複雑系 — アポロ13号はなぜ帰還できたか, 講談社（1998）
- 加藤尚武：先端技術と人間 — 21世紀の生命・情報・環境, 日本放送出版協会（2001）
- 中島秀人：日本の科学/技術はどこへいくのか, 岩波書店（2006）

技術者倫理
- 札野 順：新しい時代の技術者倫理, 放送大学教育振興会（2015）
- 村上陽一郎：安全学の現在, 青土社（2003）
- 栗屋 剛：生命倫理学 講義スライドノート, ふくろう出版（2013）
- 齊藤了文, 坂下浩司 編：はじめての工学倫理, 昭和堂（2001）
- 齊藤了文：テクノリテラシーとは何か — 巨大事故を読む技術, 講談社（2005）
- 垂水雄二：生命倫理と環境倫理 — 生物学からのアプローチ, 八坂書房（2010）
- 藤本 温 編著, 川下智幸, 下野次男, 南部幸久, 福田孝之 著：技術者倫理の世界, 森北出版（2002）
- 片倉啓雄, 堀田源治：安全倫理 — あなたと社会の安全・安心を実現するために, 培風館（2008）
- 科学技術倫理フォーラム：説明責任・内部告発 — 日本の事例に学ぶ, 丸善（2003）
- David B. Lewis 編, 日本技術士会 訳編, 橋本道哉 監訳：内部告発 — その倫理と

指針，丸善（2003）
- 杉本泰治，高城重厚：大学講義 技術者の倫理 入門，丸善（2001）
- 山崎茂明：科学者の不正行為 — 捏造・偽造・盗用，丸善（2002）
- 米国科学アカデミー 編，池内 了 訳：科学者を目指す君たちへ — 研究者の責任ある行動とは（第3版），化学同人（2010）
- 加藤尚武 編：環境と倫理 — 自然と人間の共生を求めて，有斐閣（1998）
- 中村収三，近畿化学協会工学倫理研究会 共編：技術者による 実践的工学倫理 — 先人の知恵と戦いから学ぶ（第2版），化学同人（2009）
- J.コヴァック 著，井上祥平 訳：化学者の倫理 — こんなときどうする？研究生活のルール，化学同人（2005）
- 週刊エコノミスト（2002.10.8）：「社員の不正」が企業を殺す
- 大前研一：ザ・プロフェッショナル，ダイヤモンド社（2005）
- 林 真理 ほか著：技術者の倫理（改訂版），コロナ社（2015）
- 黒田光太郎，戸田山和久，伊勢田哲治 編：誇り高い技術者になろう — 工学倫理ノススメ，名古屋大学出版会（2004）

【2章】

- 井上 浩：労働安全衛生法入門（第10版），経営書院（2000）
- シドニー・デッカー 著，芳賀 繁 監訳：ヒューマンエラーは裁けるか — 安全で公正な文化を築くには，東京大学出版会（2009）
- 厚生労働省労働基準局：労働衛生のしおり（平成15年度）（2003）
- 中央労働災害防止協会：労働安全衛生マネジメントシステム — つくり方のあらまし，中央労働災害防止協会（2001）
- 労働省安全衛生部安全課：安全管理者の実務，中央労働災害防止協会（1992）
- 田中宏司 著，経営倫理実践研究センター 監修：実践！コンプライアンス，PHP研究所（2009）
- 長谷川俊明：リスクマネジメントの法律知識（第2版），日経文庫（1999）
- 田中正博：実践 危機管理広報，時事通信社（2008）

【3章】

- 広瀬弘忠：人はなぜ逃げおくれるのか — 災害の心理学，集英社新書（2004）
- 中田 亨：ヒューマンエラーを防ぐ知恵，朝日新聞出版（2013）
- 村上陽一郎：安全と安心の科学，集英社（2005）
- 山岸俊男，メアリー・C.ブリントン：リスクに背を向ける日本人，講談社（2010）
- 広瀬弘忠：無防備な日本人，筑摩書房（2006）
- 中谷内一也：安全。でも，安心できない… — 信頼をめぐる心理学，筑摩書房（2008）

- C. モレル 著，横山研二 訳：愚かな決定を回避する方法 ― 何故リーダーの判断ミスは起きるのか，講談社（2005）
- 中田 亨：「事務ミス」をナメるな！，光文社（2011）
- 吉田信彌：事故と心理 ― なぜ事故に好かれてしまうのか，中央公論新社（2006）
- A. リプリー 著，岡 真知子 訳：生き残れる判断生き残れない行動，光文社（2009）
- K. シュルツ 著，松浦俊輔 訳：まちがっている ― エラーの心理学，誤りのパラドックス，青土社（2011）
- 村田厚生：ヒューマンエラー学の視点 ― 想定外の罠から脱却するために，現代書館（2012）
- 岡本浩一，堀 洋元，鎌田晶子，下村英雄：職業的使命感のマネジメント ― ノブレス・オブリジェの社会技術，新曜社（2006）
- 山岸俊男：社会的ジレンマの仕組み ―「自分1人ぐらいの心理」の招くもの，サイエンス社（1990）
- 山村武彦：人は皆「自分だけは死なない」と思っている ― 防災オンチの日本人，宝島社（2005）
- 勝見 明：鈴木敏文の「統計心理学」―「仮説」と「検証」で顧客のこころを掴む，日本経済新聞社（2006）
- 越智啓太：犯罪捜査の心理学 ― プロファイリングで犯人に迫る，化学同人（2008）
- 大浦宏邦：人間行動に潜むジレンマ ― 自分勝手はやめられない？，化学同人（2007）
- 中谷内一也：リスクの社会心理学 ― 人間の理解と信頼の構築に向けて，有斐閣（2012）
- 中谷内一也：環境リスク心理学，ナカニシヤ出版（2003）
- 岡本浩一：リスク心理学入門 ― ヒューマン・エラーとリスク・イメージ，サイエンス社（1992）
- 千葉和義，仲矢史雄，真島秀行：サイエンスコミュニケーション 科学を伝える5つの技法，日本評論社（2007）
- 林 幸雄：噂の拡がり方 ― ネットワーク科学で世界を読み解く，化学同人（2007）
- 大山 正，丸山康則 編：ヒューマンエラーの科学 ― なぜ起こるか，どう防ぐか，医療・交通・産業事故，麗沢大学出版会（2004）
- 重野 純，福岡伸一，柳原敏夫：安全と危険のメカニズム，新曜社（2011）
- 永山嘉昭，雨宮 拓，黒田 聡，矢野りん：説得できる文章・表現 200 の鉄則（第4版），日経 BP 社（2009）
- Timothy L. Sellnow, Robert R. Ulmer, Matthew W. Seeger, Robert Littlefield：Effective Risk Communication：A Message-Centered Approach, Springer（2009）
- 池谷裕二：自分では気づかない，ココロの盲点 完全版 本当の自分を知る練習問題80，講談社（2016）

・堀井秀之，奈良由美子：安全・安心と地域マネージメント ― 東日本大震災の教訓と課題，放送大学教育振興会（2014）
・水原泰介：社会心理学入門 ― 理論と実験，東京大学出版会（1981）

【4 章】

・日本化学会：化学安全ノート，丸善（2002）
・L. Bretherick 著，吉田忠雄，田村昌三 監訳：危険物ハンドブック，pp.430 〜 444，丸善（1987）
・メルク：セーフティマニュアル（第 3 版），MERCK（2006）
・安全工学協会：安全工学講座 1 火災，海文堂（1983）
・安全工学協会：安全工学講座 2 爆発，海文堂（1983）
・中島 登：改訂 3 版 甲種危険物予想問題，電気書院（2014）
・赤染元浩：一発合格！甲種危険物取扱者試験〈ここがでる〉問題集，ナツメ社（2016）

【5 章】

・日本化学会：化学安全ノート，丸善（2002）
・メルク：セーフティマニュアル（第 3 版），MERCK（2006）
・有機合成化学協会：新版 溶剤ポケットブック，オーム社（1994）
・浦野紘平 編著：化学物質のリスクコミュニケーション手法ガイド，ぎょうせい（2001）
・J.Emsley 著，渡辺 正 訳：化学物質のウラの裏 ― 森を枯らしたのは誰だ，丸善（1999）
・J. エムズリー 著，渡辺 正 訳：逆説・化学物質 ― あなたの常識に挑戦する，丸善（1996）
・宮本純之：反論！化学物質は本当に怖いものか，化学同人（2003）
・D. ラビエール，J. モロ 著，長谷 泰 訳：ボパール午前零時五分 上，下，河出書房新社（2002）
・廣田弘毅：麻酔をめぐるミステリー ― 手術室の「魔法」を解き明かす，化学同人（2012）
・船山信次：アルカロイド ― 毒と宝の宝庫，共立出版（1998）
・藤野澄子，齋藤秀哉，菅野盛夫：最新 薬理学，講談社（1988）
・藤原 肇：化学物質の総合安全管理，化学工業日報社（2000）
・伊東隆志：化学物質のリスク管理，化学工業日報社（2000）
・稲津教久：「経皮毒」からの警告 ― 皮膚から浸入する有害物質の恐怖，宝島社（2006）
・竹内久米司，稲津教久：経皮毒 ― 皮膚から，あなたの体は冒されている！，日東

書院（2005）
・化学工業日報農薬取材班 編：農薬の話ウソ・ホント?! ― あなたの理解は間違っていないか?，化学工業日報社（1989）
・左巻健男，一色健司：知っておきたい化学物質の常識84，SBクリエイティブ（2016）
・中央労働災害防止協会 編：テキスト化学物質 リスクアセスメント，中央労働災害防止協会（2016）
・沼野雄志：化学の基礎から学ぶ やさしい化学物質のリスクアセスメント（第2版），中央労働災害防止協会（2015）
・中央労働災害防止協会 編：すぐできる化学物質のリスクアセスメント，中央労働災害防止協会（2015）

【6章】

・五十嵐博一：電気設備が一番わかる，技術評論社（2011）

【7章】

・柚原直弘，稲垣敏之，古川 修：ヒューマンエラーと機械・システム設計 ― 事例で学ぶ事故防止策，講談社（2012）
・日経ものづくり 編：重大事故の舞台裏 ― 技術で解明する真の原因，日経BP社（2005）
・厚生労働省，中央労働災害防止協会：機械の包括的な安全基準に関する指針への取り組み，厚生労働省（2003）
・安全工学協会：安全工学講座3 破壊，海文堂（1984）
・安全工学協会：安全工学講座4 故障 ― 機械設備の異常と安全，海文堂（1982）

【8章】

・久保田裕，佐藤英雄：知っておきたい情報モラルQ&A，岩波書店（2002）
・三菱総合研究所，全国大学生活協同組合連合会：大学生がダマされる50の危険，青春出版社（2011）
・安全工学会：情報セキュリティ 特集号，安全工学，**54**，6（2015）
・H&Cクラブ：ハッキング防衛マニュアル，データハウス（1999）
・三和義秀：ネットワークリテラシー入門，共立出版（2008）

【9章】

・奈良由美子：生活とリスク，放送大学教育振興会（2007）
・三菱総合研究所，全国大学生活協同組合連合会：大学生がダマされる50の危険，青春出版社（2011）
・国民生活センター：くらしの危険，主婦の友社（2001）

・畝山智香子：ほんとうの「食の安全」を考える ― ゼロリスクという幻想，化学同人（2009）
・渡辺 宏：「食の安全」心配ご無用！，朝日新聞社（2003）
・荘司芳樹 監修：2017年度版 第1種衛生管理者過去8回本試験問題集，新星出版社（2017）
・田代元弘，坪田張二：地震でも倒れない家具の留め方，鹿島出版会（1982）
・大野竜三：タバコとわたしたち，岩波書店（2011）

【10章】

・学研 産業教育事業部：実践グループ解決学 問題発掘・アイデア・改善提案 上・下 基礎編，学研（1982）
・畑村洋太郎 ほか：気づく力，プレジデント社（2005）
・樋口晴彦：不祥事は財産だ ― プラスに転じる組織行動の基本則，祥伝社（2009）

【11章】

・工場管理編集部：5Sテクニック ― 整理／整頓／清潔／清掃／躾，日刊工業新聞社（1986）
・畑村洋太郎：失敗学のすすめ，講談社（2000）
・畑村洋太郎：失敗学実践講義 ― だから失敗は繰り返される，講談社（2006）
・畑村洋太郎：危険不可視社会，講談社（2010）
・畑村洋太郎：「想定外」を想定せよ ― 失敗学からの提言，NHK出版（2011）
・日本薬学会：特集 医療安全への取り組み それぞれの立場から，ファルマシア，**52**，1（2016）
・原マサヒコ：世界一の現場で鍛えたトヨタ流 最強カイゼン ― 限られた時間で最大の成果を出す究極の仕事術，宝島社（2016）
・平野裕之 作，本田じゅんじ 絵：マンガ「5S」― 整理・整頓・清潔・清掃・躾，日刊工業新聞社（1988）

【12章】

・若松義人 監修：トヨタ式であなたの仕事は変わる！ 自分「カイゼン」術，宝島社（2004）
・片桐利真：ヒヤリハットの書き方・書かせ方，環境制御，28，pp.9 〜 16（2006）
・片桐利真：特集 寄稿 ヒヤリハット報告書の書かせ方，地方公務員 安全と健康フォーラム，p.11（2015.7）

【13章】

・竹田 透：まるわかり職場巡視 事務所編，産業医学振興財団（2011）
・森 晃爾：改訂 写真で見る職場巡視のポイント」労働調査会（2010）

あ　と　が　き

　この本は，1999 年開講の「環境安全化学」，2003 年開講の「安全化学」，2011 年開講の「工学安全教育」，2016 年開講の「安全工学」，および各学年の年度初めガイダンス時の「生活・安全の注意」，および実験講義のガイダンスで行った安全上の諸注意，2006 年に鳥取大学で行った日本化学会の安全・環境セミナーやその他の安全講習会や講演会の内容をもとにしたものです。

　これらの安全の講義では毎回安全教育実施報告書を作成し，その実施を記録しています。この安全教育実施報告書には受講者にサインを書かせて保管しています。労働安全衛生法では，雇い入れ時教育，新しい業務前の教育，職長教育などの実施とその記録の保管が義務化されています。大学では，入学者に対する安全教育（安全関係の講義），実験実習前の作業の安全教育，TA（ティーチングアシスタント）などに対する事前安全教育は必須です。その記録としてこのような安全教育実施報告書は必要なものです。これは教員の安全に関する指示を行った証拠になり，大学を守ることになるだけではなく，その講義を受講する学生に緊張感を持たせることにより安全を意識させる効果を持ちます。

　大学の科目としての 1.5 時間×15 回の講義では，毎回課すレポートで成績評価を行っています。十分な調査を行い，自分の頭で考えなければならないレポートは学生さんには大きな負担であったようです。実際，Web 上の楽天の「みんなのキャンパス」の「鬼仏表」で，この講義は「精神的に結構きつい，人によっては胃に穴が開きます…正解のないものばかりです」とか，「先生はジレンマが大好きで，正解のない問題を生徒にぶつけてレポートを書かせて楽しんでいます」とか，「授業のたびにレポートを課されるのはダルイです」とか，「なかなかしんどい」と評されていました。もちろん，私はレポートを書かせて学生をいじめて楽しんでいません。そのレポートを読み，評価するのは

多大な労力を必要とします。むしろ，とんでもないレポートを出されていじめられたのは私ではないかと思います。

　レポートは締切り厳守で，次回講義前に学生期番号順にソートして提出させています。用紙はこちらが指定した A4 の用紙 1 枚で，実例や自分の体験（事実）とそこから導かれる意見を記述させます。事実を根拠としない観念的な，頭の中だけの意見は評価外としています。また，記述は 5W1H（6W2H）を意識して，具体的かつ記述的であることを求めます。これらは理系の文章の書き方の基礎です。感想文は評価の対象外です。

　レポートに記載の事実には，必ずその情報ソースを明示させています。そのために，引用文献の記載法についてのプリントを講義前に配布します。最近はネット上にいろいろな情報が置いてあるため，それを情報ソースとするレポートを多く見ます。しかし，これは自分の頭で考えることを阻害します。インターネット上の文章，特にブログなどのコメントは自分の主張を正当化するために恣意的に事実を曲解しているものも多数あります。また，ネット上で安易に安直に得られる情報の中には明らかに間違った事実を記載しているものもあります。これらの情報を「正しい」ものとして書かれたレポートが健全な結論に至ることはありません。2016 年に IT 大手の DeNA は，運営する健康まとめサイト『WELQ』を，その記事に信頼性がないことを理由に閉鎖しました。このようなネット上の無料の情報は，その査読や批評が適切に行われておらず，信頼できないものとして取り扱わざるをえません。

　そこで，私の講義ではネット上の情報源の使用を原則禁止しています。使用できるのは，紙媒体などでも印刷されているもの，例えば新聞記載の内容に限っています。ネット新聞なども印刷体の出版されていないものは禁止しています。そして，紙媒体の情報でも必ず"裏をとる＝複数の情報ソースでその事実を確認する"ことを求めています。あくまで，この講義の目的は受講者の① 取材力，② 理解力，③ 思考力，④ 表現力の涵養です。それらを自ら阻害する行為は認めません。

　講義は「なまもの」です。同じレクチャー・アイテムを用いても，教員によ

りニュアンスは大きく変わります。また，その講義のゴールも異なります。この本はヒヤリハット事例を意識するという「取材力」，「理解力」の涵養を意識しています。対策を立案し，安全マニュアルを作成するための「思考力」，「表現力」はほとんど扱えませんでした。もし，出版社さんが許してくれるのなら，リスクアセスメントと PDCA サイクルによる，安全マニュアルの作成を意識した研究室では「もっとご安全に！」，「さらにご安全に！」へとつなげていければと思います。

2018 年 1 月

片桐 利真

索　引

―― 著 者 略 歴 ――

1983 年　京都大学理学部卒業
1985 年　京都大学大学院理学研究科修士課程修了（化学専攻）
1988 年　京都大学大学院理学研究科博士課程修了（化学専攻）
　　　　　理学博士
1988 年　日本学術振興会特別研究員（京都大学理学部）
1990 年　日本鉱業株式会社入社
1995 年　岡山大学講師
1998 年　岡山大学助教授
2007 年　岡山大学大学院准教授
2015 年　東京工科大学教授
2015 年　岡山大学安全衛生推進本部外部運営委員（兼務）
　　　　　現在に至る

研究室では「ご安全に！」
― 危険の把握，安全巡視とヒヤリハット ―

Be "Safety, First, Last, and Always" in the Lab: Grasp Hazards by Incident Reports and Inspections.

© Toshimasa Katagiri 2018

2018 年 5 月 7 日　初版第 1 刷発行　　　　　　　　　　　　　　　　　★

検印省略

著　者　　片　桐　利　真
発 行 者　　株式会社　コ ロ ナ 社
　　　　　　代 表 者　牛 来 真 也
印 刷 所　　萩 原 印 刷 株 式 会 社
製 本 所　　有 限 会 社　愛 千 製 本 所

112-0011　東京都文京区千石 4-46-10
発 行 所　株式会社　コ ロ ナ 社
CORONA PUBLISHING CO., LTD.
Tokyo Japan
振替 00140-8-14844・電話(03)3941-3131(代)
ホームページ　http://www.coronasha.co.jp

ISBN 978-4-339-07816-9　C3050　Printed in Japan　　　　　　（中原）